フォトニクスの基礎

工学博士 榎原　　晃
博士（工学）川西　哲也 共著

コロナ社

まえがき

　フォトニクス（photonics）は，基本的な光学から半導体レーザや光通信，光計測まで，また，見方を変えれば，材料・デバイスからシステムまで，光波を用いた幅広い技術分野を含んでいる。本書では，この1冊でフォトニクスの基本的事項から応用までを学べるように工夫している。また，専門的な解析方法や現在では使われることが少なくなった技術に関する部分を思い切って省略し，将来のエンジニアとして触れておくべき最低限必要な内容に絞り込んだつもりである。前半では，光波の性質，偏光制御や波長選択などの基礎的な受動素子について，後半では，半導体レーザを中心にその原理や特性，さらに，光通信とそのための最新の光変調技術などの応用技術について解説している。

　本書は，フォトニクスを専門分野としてすでに活躍している技術者，研究者を対象とした学術書，専門書ではなく，理工系大学の学部生のレベルの知識を有する学生が授業で使う教科書を想定して，幅広い分野の学生でも理解できるような表現や構成を心がけている。なお，数学，電気回路，材料物性などですでに基礎的な知識を有していることを前提にしている。そのため，基礎知識の無い一般の人には難しく，深い専門知識を求める専門家には物足りないかもしれないが，本書を基にして，講師の専門知識を織り交ぜた講義をしていただければ，良い授業が行えるものと考えている。また，数式の展開などを使ってできるだけ論理的に説明をしている。丸暗記ではなく，数式で物理現象を理解できるよう心がけている。

　光波と無線通信で利用されている電波はともに，同じ電磁波であるがその性質は大きく異なる。しかし，レーザの発明により，電波と同じように位相や周波数が均一な光波が得られるようになった。レーザ光は電波とは周波数が数桁高いので，従来の電波の代わりにレーザ光を変調して送ることで，膨大な情報

を伝送することが可能となった。インターネットを通じて，モバイル端末などからでも海外の情報や映像が瞬時に見られるようになり，このようなフォトニクス技術が現在の情報化社会をもたらしたと言っても過言ではない。フォトニクス関連の授業を受ける学生の中には，将来，応用数学，機械工学など他の分野に進む人も多いであろうが，現在の情報社会を支えている技術に触れることは，エンジニアとしての知識の幅を広げるためにもきわめて重要であると思う。

　フォトニクスは，百年以上前から営々と蓄積された学問分野である光学の知識や，現在も日々刻々進歩する先端的で実用的な技術を含んでいる。本書ではこのような，古くて新しい技術分野をコンパクトにまとめることに努めた。前半は基本的な光学や受動素子について，中盤は半導体レーザを中心とした発光・受光素子，後半は光通信などの先端的な応用技術で構成している。執筆については，おもに，1～6章を榎原が，7～10章を川西が，それぞれ担当した。また，半導体レーザと受光素子に関する5章と6章では，国立研究開発法人 情報通信研究機構の赤羽浩一氏から多くの貴重な助言をいただいて執筆した。ここで，赤羽氏に深く感謝する。

　本書でフォトニクスの知識に触れて，エンジニアとしての技量を深め，将来，さまざまな分野で活躍していただくことを切に望む。

2019年4月

著者ら記す

目　　　次

1.　光波の伝搬

1.1　波　の　表　現 …………………………………………………………… *1*
1.2　平　　面　　波 …………………………………………………………… *4*
　1.2.1　マクスウェルの方程式 …………………………………………… *4*
　1.2.2　平面波の導出 ……………………………………………………… *5*
　1.2.3　光波の伝搬に関する量 …………………………………………… *7*
　1.2.4　観測方向による平面波の特性 …………………………………… *9*
1.3　偏　　　　　光 …………………………………………………………… *11*
1.4　光波のエネルギーと電力 ………………………………………………… *14*
演 習 問 題 ………………………………………………………………………… *16*

2.　光波の性質

2.1　反 射 と 屈 折 ……………………………………………………………… *17*
　2.1.1　屈折率境界面での反射と透過 …………………………………… *17*
　2.1.2　屈折率境界面への斜め入射 ……………………………………… *19*
2.2　干　　　　　渉 …………………………………………………………… *21*
　2.2.1　同一周波数の二光波の干渉 ……………………………………… *21*
　2.2.2　斜め交差による二光波の干渉 …………………………………… *23*
　2.2.3　異なる周波数の二光波間の干渉 ………………………………… *25*
2.3　回 折 と 集 光 ……………………………………………………………… *26*
　2.3.1　単スリットからの回折 …………………………………………… *26*
　2.3.2　円形開口からの回折 ……………………………………………… *29*

2.3.3　レンズによる集光 ………………………………………… 31
演　習　問　題 ……………………………………………………… 32

3. 光　導　波

3.1　三層スラブ導波路 ……………………………………………… 34
　　3.1.1　導波構造と全反射 ………………………………………… 34
　　3.1.2　導波条件 …………………………………………………… 36
　　3.1.3　電磁界分布と固有方程式 ………………………………… 37
　　3.1.4　導波モードとカットオフ ………………………………… 41
3.2　チャネル光導波路 ……………………………………………… 44
3.3　光ファイバ ……………………………………………………… 45
　　3.3.1　光ファイバの種類 ………………………………………… 45
　　3.3.2　光波の入力 ………………………………………………… 47
　　3.3.3　電磁界分布 ………………………………………………… 48
　　3.3.4　伝搬モード ………………………………………………… 49
　　3.3.5　単一モード伝送 …………………………………………… 50
　　3.3.6　LP モード ………………………………………………… 51
演　習　問　題 ……………………………………………………… 52

4. 受　動　素　子

4.1　干　渉　計 ……………………………………………………… 53
　　4.1.1　マッハ・ツェンダー干渉計 ……………………………… 53
　　4.1.2　マイケルソン干渉計 ……………………………………… 56
4.2　偏　光　制　御 ………………………………………………… 57
　　4.2.1　偏　光　子 ………………………………………………… 57
　　4.2.2　波　長　板 ………………………………………………… 58
　　4.2.3　ファラデー効果 …………………………………………… 63
　　4.2.4　光アイソレータ …………………………………………… 65

4.3 波長フィルタ・回折素子 ………………………………………… 66
　4.3.1 多層膜フィルタ ………………………………………… 66
　4.3.2 回折素子 ………………………………………………… 70
4.4 光共振器 ………………………………………………………… 73
　4.4.1 共振条件 ………………………………………………… 73
　4.4.2 縦モードとフィネス …………………………………… 74
演習問題 ……………………………………………………………… 77

5. レーザ

5.1 レーザ発振の原理 ……………………………………………… 79
　5.1.1 レーザ発振の条件 ……………………………………… 80
　5.1.2 光波と電子の相互作用 ………………………………… 81
　5.1.3 自然放出と誘導放出 …………………………………… 82
　5.1.4 反転分布と利得係数 …………………………………… 83
　5.1.5 光子寿命 ………………………………………………… 85
5.2 各種レーザ ……………………………………………………… 87
　5.2.1 気体レーザ ……………………………………………… 88
　5.2.2 固体レーザ ……………………………………………… 89
　5.2.3 半導体レーザ …………………………………………… 90
5.3 半導体レーザ …………………………………………………… 93
　5.3.1 基本構造 ………………………………………………… 93
　5.3.2 レート方程式としきい値電流 ………………………… 94
　5.3.3 光出力と効率 …………………………………………… 98
　5.3.4 直接変調 ………………………………………………… 99
5.4 モード同期 ……………………………………………………… 102
5.5 さまざまなレーザおよび発光ダイオード …………………… 103
　5.5.1 分布帰還形レーザ ……………………………………… 103
　5.5.2 面発光レーザ …………………………………………… 104
　5.5.3 材料と構造による発光波長の違い …………………… 105

  5.5.4　発光ダイオード………………………………………………… *106*
演 習 問 題 ……………………………………………………………… *107*

6. 受 光 素 子

6.1　pin フォトダイオード…………………………………………………… *109*
  6.1.1　構 造 と 感 度 ……………………………………………… *109*
  6.1.2　応 答 特 性 ……………………………………………… *111*
  6.1.3　応 答 速 度 ……………………………………………… *112*
  6.1.4　雑　　　　音 ……………………………………………… *113*
6.2　イメージセンサ ………………………………………………………… *113*
6.3　太 陽 電 池 ………………………………………………………… *114*
演 習 問 題 ……………………………………………………………… *116*

7. 光　変　調

7.1　変 調 と 帯 域 幅 ……………………………………………………… *117*
  7.1.1　変調動作のモデル化 ………………………………………… *117*
  7.1.2　振 幅 変 調 ……………………………………………… *119*
  7.1.3　角 度 変 調 ……………………………………………… *121*
  7.1.4　被変調信号の帯域幅 ………………………………………… *123*
7.2　直接変調と外部変調 …………………………………………………… *124*
  7.2.1　直 接 変 調 ……………………………………………… *124*
  7.2.2　外 部 変 調 ……………………………………………… *126*
7.3　電気光学効果による光変調 …………………………………………… *129*
  7.3.1　ニオブ酸リチウムのもつ電気光学効果 …………………… *129*
  7.3.2　電気光学効果による光変調の原理 ………………………… *130*
  7.3.3　光位相変調器の実際 ………………………………………… *134*
  7.3.4　マッハ・ツェンダー干渉計による振幅変調 ……………… *137*
  7.3.5　二並列マッハ・ツェンダー（MZ）変調器による直交振幅変調……… *140*

演習問題……………………………………………………………… *141*

8. 光 通 信

8.1 光ファイバの特性と伝送性能 ……………………………… *143*
    8.1.1 光 損 失 ……………………………………………… *144*
    8.1.2 波 長 分 散 …………………………………………… *147*
    8.1.3 非 線 形 性 …………………………………………… *154*
8.2 高速化のための多重化と多値化 ……………………………… *155*
    8.2.1 波 長 多 重 …………………………………………… *156*
    8.2.2 時 分 割 多 重 ………………………………………… *159*
    8.2.3 空 間 多 重 …………………………………………… *160*
    8.2.4 多 値 変 調 …………………………………………… *161*
    8.2.5 デジタルコヒーレント ………………………………… *164*
演習問題……………………………………………………………… *167*

9. 光 記 録

9.1 光ディスクの概要 ……………………………………………… *168*
9.2 光ピックアップ ………………………………………………… *169*
9.3 各種光ディスクの規格 ………………………………………… *172*
演習問題……………………………………………………………… *174*

10. 光 計 測

10.1 光による距離計測の原理 …………………………………… *175*
10.2 光の干渉による高精度距離計測 …………………………… *177*
10.3 周波数変調による距離計測 ………………………………… *178*
10.4 コヒーレンス ………………………………………………… *179*

演 習 問 題 …………………………………………… *180*

引用・参考文献 …………………………………………… *181*
演習問題解答例 …………………………………………… *182*
索　　　　引 …………………………………………… *186*

1 光波の伝搬

本章では,これから学んでいくうえで基礎となる**光波**(light wave)の表現方法を解説したのち,光波の最も基本的な形態である平面波の伝搬や偏光について,さらに,光波のエネルギーの流れについても述べていく。

すでに,電気回路などで,分布定数回路中の電圧波の伝搬については学んでいると思うが,同じ波の伝搬であり,本質的には変わらないので,それらの知識も参考にしてほしい。

1.1 波 の 表 現

光波は電磁波の一種で,電界と磁界が時間的,空間的に変化しながら伝搬する波である。自然光は異なる波長や異なる位相をもつ無数の光波が足し合わされたものであるが,これに対して,レーザ光は,周波数と位相が時間的にも空間的にもそろった純粋な波に近く,**単色光**(monochromatic light)とも呼ばれている。そこで,ここでは光波はこのような純粋な波であるとして考えていく。

時間 t と場所 z を変数として,$+z$ 方向に伝搬する波 $A(t,z)$ は,**振幅**(amplitude) A_0,**角周波数**(angular frequency) ω〔rad/s〕,**位相定数**(phase constant) k〔rad/m〕,**初期位相**(initial phase) φ_0〔rad〕($t=z=0$ のときの位相)を用いて

$$A(t,z) = A_0 \cos(\omega t - kz + \varphi_0) \tag{1.1}$$

で表される。$A(t,z)$ は光波であれば電界や磁界などに対応する。この波の位相

成分 φ は

$$\varphi = \omega t - kz + \varphi_0 \tag{1.2}$$

である。図 **1.1** に，時間 t を固定したときの場所 z に対する変化の様子を示している。この波の**波長**（wavelength）λ [m] は，隣り合う等位相点の間隔であるので，φ が 2π 変化する距離として次式で表される。

$$\lambda = \frac{2\pi}{k} \tag{1.3}$$

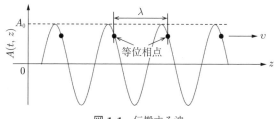

図 **1.1** 伝搬する波

また，波の**伝搬速度**（propagation velocity）v [m/s] は等位相点の移動速度で，位相 φ を一定としたときの場所 z の時間微分 dz/dt で表される。したがって，φ を定数として，式 (1.2) の両辺を t で微分すると

$$v = \frac{dz}{dt} = \frac{\omega}{k} \tag{1.4}$$

と求まる。ここで，通常は $k > 0$ であるので $v > 0$ となり，$+z$ 方向への波の伝搬（等位相点の移動）が確認できる。また，この v は**位相速度**（phase velocity）とも呼ばれるもので，波の見掛け上の速度で，波のエネルギーの伝搬速度である群速度とは異なる場合があるので注意が必要である。

ところで，式 (1.1) のように波を実数で表す表現方法を，ここでは実数表現と呼ぶことにする。一方，大きさが振幅 A_0，偏角が位相 φ となる複素数 A を次式のように定義する。

$$A = A_0 e^{j\varphi} = A_0 e^{j(\omega t - kz + \varphi_0)}$$

$$= A_0 \cos(\omega t - kz + \varphi_0) + jA_0 \sin(\omega t - kz + \varphi_0) \tag{1.5}$$

ただし，j は虚数単位である．式 (1.5) より，複素数 A の実部 $\mathrm{Re}[A]$ は式 (1.1) の実数表現と等しいことがわかる．そこで，複素数 A で波を表すことを複素表現と呼ぶ．また，振幅 A_0 に初期位相 φ_0 も含めた複素定数 $A' = A_0 e^{j\varphi_0}$ を用いて

$$A = A'e^{j(\omega t - kz)} = A'e^{-jkz}e^{j\omega t} \tag{1.6}$$

と表現する場合も多い．また，複素表現では式 (1.6) のように，t を含む項と z を含む項の積になるので，A の時間 t による微分，および，場所 z による微分は

$$\frac{\partial A}{\partial t} = j\omega A_0 e^{j(\omega t - kz + \varphi_0)} = j\omega A \tag{1.7a}$$

$$\frac{\partial A}{\partial z} = -jk A_0 e^{j(\omega t - kz + \varphi_0)} = -jk A \tag{1.7b}$$

となり，それぞれ，$j\omega$，および，$-jk$ が掛かるだけで，演算が簡単に行える．

また，複素表現 A から角周波数 ω で時間変化する項 $e^{j\omega t}$ だけを取り除いた $A_0 e^{j\varphi_0} e^{-jkz} = A' e^{-jkz}$ の部分は，**フェーザ**（phasor）と呼ばれている．波動の解析では，振幅と位相の変化が重要な意味をもつ場合が多いので，フェーザでの演算もよく行われる．フェーザを用いるときでも，通常は，式 (1.7) のように機械的に $j\omega$，あるいは，$-jk$ を掛けておけばよい．ただし，ここでは一様な正弦波で表される波を前提にしている．6 章で述べる光変調のように，振幅や周波数が時間変化する光波を扱う場合は，時間微分に関する式 (1.7a) などは成立しない．

本書においては，光波の電界や磁界などの正弦波状に変化する量を扱う場合は，おもに複素表現を用いるようにしており，時間的な変化を見る必要のある場合は実数表現で記述している．また，電界ベクトルなどの時間変化するベクトルにおいても，ベクトルの各成分が複素表現で表された複素ベクトルをおもに用いている．

ただし，複素表現では，虚部は演算に使用されるものであって実在するものではない。最終的には実数表現にして初めて実際の物理量を表すことになる。特に，光波のエネルギーや電力を求めるときなど，電磁界の時間変化を考慮する必要がある場合は複素表現をそのまま用いることができないので注意が必要である。

光学の分野では，式 (1.1) の k を波数，あるいは，伝搬定数とも呼ぶ場合がある。k は波の位相変化に関わる係数で，電気回路の分野では位相定数と呼ばれていることもあり，本書でもおもに位相定数と呼ぶことにしている。また，電気回路での信号の伝搬では，位相定数とともに減衰定数も考慮されている。一方，光波が空気中や誘電体中を伝搬するときは，伝搬損は無視できる程度に小さいために通常は減衰定数は考慮していない。

1.2 平　面　波

1.2.1　マクスウェルの方程式

平面波 (plane wave) は，電磁波を取り扱う際の基本となるものである。ここでは，まず，無限に広い空間を伝搬する平面波をマクスウェルの方程式 (Maxwell's equations) から導出する。電界〔V/m〕，磁界〔A/m〕，電束密度〔C/m^2〕，磁束密度〔Wb/m^2〕，および，電流密度〔A/m^2〕は，それぞれベクトル場で $\boldsymbol{E}$, $\boldsymbol{H}$, $\boldsymbol{D}$, $\boldsymbol{B}$, $\boldsymbol{J}$ で表し，空間電荷密度〔C/m^3〕はスカラ場で ρ とする。ただし，単位は SI 単位系を基にしている。電磁気学で学んだように，マクスウェルの方程式を微分形で表すと

$$\nabla \times \boldsymbol{E} = -\frac{\partial \boldsymbol{B}}{\partial t} \tag{1.8a}$$

$$\nabla \times \boldsymbol{H} = \boldsymbol{J} + \frac{\partial \boldsymbol{D}}{\partial t} \tag{1.8b}$$

$$\nabla \cdot \boldsymbol{D} = \rho \tag{1.8c}$$

$$\nabla \cdot \boldsymbol{B} = 0 \tag{1.8d}$$

となる。媒質の誘電率を ε [F/m] とし,透磁率を μ [H/m] とすると,$\bm{D} = \varepsilon\bm{E}$,$\bm{B} = \mu\bm{H}$ である。

ここで,媒質が等方性で一様であるとし,空間電荷や電流が存在しない空気中や誘電体中などでの伝搬を考える。そうすると ε,μ はスカラ量で定数となり,$\rho = 0$,$\bm{J} = 0$ となる。さらに,各ベクトルは複素ベクトルであるとすると式 (1.7a) より,式 (1.8) は次式のように表すことができる。

$$\nabla \times \bm{E} = -j\omega\mu\bm{H} \tag{1.9a}$$

$$\nabla \times \bm{H} = j\omega\varepsilon\bm{E} \tag{1.9b}$$

$$\nabla \cdot \bm{E} = 0 \tag{1.9c}$$

$$\nabla \cdot \bm{H} = 0 \tag{1.9d}$$

1.2.2 平面波の導出

つぎに,式 (1.9) を基にして $\bm{E}$ を求めてみよう。まず,式 (1.9a) と式 (1.9b) から $\bm{H}$ を消去すると

$$\nabla \times \nabla \times \bm{E} = -j\omega\mu\nabla \times \bm{H} = \omega^2\varepsilon\mu\bm{E} \tag{1.10}$$

さらに,ベクトル公式 $\nabla \times \nabla \times \bm{A} = \nabla\nabla \cdot \bm{A} - \nabla^2\bm{A}$ と式 (1.9c) から,$\bm{E}$ に関する方程式

$$\nabla^2\bm{E} = -\omega^2\varepsilon\mu\bm{E} \tag{1.11}$$

が得られる。この式は**ヘルムホルツの波動方程式** (Helmholtz's wave equation) と呼ばれ,その解は波動を表す。次式はその解の一つである。

$$\left.\begin{array}{l} \bm{E} = \bm{E}_0 e^{-j(k_x x + k_y y + k_z z)} e^{j\omega t} \\ k_x^2 + k_z^2 + k_z^2 = \omega^2\varepsilon\mu \end{array}\right\} \tag{1.12}$$

ここで,k_x,k_y,k_z は定数で,$\bm{E}_0$ は複素数を要素に持ち,時間や場所によらない定数ベクトルである。また,ベクトル $\bm{k} = (k_x, k_y, k_z)$ を定義し,位置ベクトル $\bm{r} = (x, y, z)$ を用いると,式 (1.12) は式 (1.13) のようにも表される。

$$\boldsymbol{E} = \boldsymbol{E}_0 e^{-j\boldsymbol{k}\cdot\boldsymbol{r}} e^{j\omega t} = \boldsymbol{E}_0 e^{j(\omega t - \boldsymbol{k}\cdot\boldsymbol{r})} \tag{1.13a}$$

$$|\boldsymbol{k}| = k = \omega\sqrt{\varepsilon\mu} \tag{1.13b}$$

ここで，$\boldsymbol{k}$ は**波数ベクトル**（wave vector）と呼ばれている．式 (1.13) より，$\boldsymbol{E}_0$ と $\boldsymbol{k}$ の各要素の取る値に自由度があるので，$\boldsymbol{E}$ には複数の解 $\boldsymbol{E}_1, \boldsymbol{E}_2, \boldsymbol{E}_3, \cdots$ が存在し得る．そして，それらの重ね合わせである $\boldsymbol{E}_1 + \boldsymbol{E}_2 + \boldsymbol{E}_3 + \cdots$ もまた式 (1.11) の解である．つまり，複数の波が同時に存在することができ，ある場所の電界はそれらの波の電界ベクトルを足し合わせて表現できる．

式 (1.13a) から，時間 t を固定すると，場所 $\boldsymbol{r}$ での波の位相は $\boldsymbol{k}\cdot\boldsymbol{r}$ で決まることがわかる．これを基に波の等位相面である**波面**（wavefront）を求めてみよう．$\boldsymbol{r}$ と $\boldsymbol{k}$ とのなす角を α とすると，$\boldsymbol{k}\cdot\boldsymbol{r} = |\boldsymbol{k}||\boldsymbol{r}|\cos\alpha$ で，$|\boldsymbol{k}|$ は場所に依存しない一定値なので，$|\boldsymbol{r}|\cos\alpha$ が同じ値を取る点の集まりが波面となる．つまり，図 **1.2** に示すように，波面は $\boldsymbol{k}$ に垂直な平面となり，このことからこの波が平面波であることがわかる．また，ベクトル $\boldsymbol{k}$ の方向が波面の移動方向，つまり，平面波の伝搬方向になる．

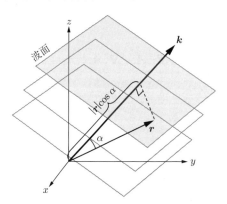

図 **1.2** 平面波の波数ベクトルと波面

つぎに，平面波の伝搬特性を考えてみよう．位置ベクトル $\boldsymbol{r}$ の方向を $\boldsymbol{k}$ と同じとすると，$r = |\boldsymbol{r}|$ は伝搬方向の距離を表すことになり，式 (1.13a) は $\boldsymbol{E} = \boldsymbol{E}_0 e^{j(\omega t - kr)}$ で表される．この式と式 (1.6) と比較すると式 (1.13b) の k は平面波の位相定数であることがわかる．また，平面波の伝搬速度 v は式 (1.4)

と式 (1.13b) より

$$v = \frac{\omega}{k} = \frac{1}{\sqrt{\varepsilon\mu}} \tag{1.14}$$

である。

同様に，磁界ベクトル $\bm{H}$ を求めてみよう。式 (1.13a) を式 (1.9a) に代入し，ベクトル公式 $\nabla \times \varphi\bm{A} = \nabla\varphi \times \bm{A} + \varphi\nabla \times \bm{A}$ を用いれば，$\bm{H}$ は

$$\bm{H} = \bm{H}_0 e^{j(\omega t - \bm{k}\cdot\bm{r})} \tag{1.15a}$$

$$\bm{H}_0 = \frac{\bm{k} \times \bm{E}_0}{\omega\mu} \tag{1.15b}$$

となる。式 (1.15b) より，ベクトル積の性質から，$\bm{E}$, $\bm{H}$, $\bm{k}$ はたがいに直交し，この順で右手系をなしていることがわかる。つまり，図 **1.3** に示すように，平面波の電界と磁界は，伝搬方向に垂直な面内で，たがいに直交する方向を向いており，$\bm{E}$ の方向を x, $\bm{H}$ の方向を y に取ると，伝搬方向は z になる。

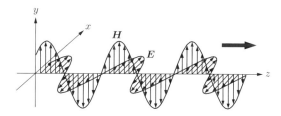

図 **1.3** 平面波の電界 $\bm{E}$ と磁界 $\bm{H}$ の変化

平面波の電界と磁界の比は **波動インピーダンス**（wave impedance）η 〔Ω〕と呼ばれており，式 (1.13a)，式 (1.15b) を用いて

$$\eta = \frac{|\bm{E}|}{|\bm{H}|} = \frac{|\bm{E}_0|}{|\bm{H}_0|} = \frac{\omega\mu}{k} = \sqrt{\frac{\mu}{\varepsilon}} \tag{1.16}$$

と表すことができ，η は空間の媒質によって決まる定数となる。

1.2.3 光波の伝搬に関する量

いままで求めてきた光波の伝搬に関する重要な量についてまとめる。ここで

は，光波が伝搬する空間の媒質を等方性で，誘電体や空気などの非磁性であるすると，$\mu = \mu_0$，$\varepsilon = \varepsilon_r \varepsilon_0$ となる．ε_0，μ_0 はそれぞれ真空中の誘電率と透磁率，ε_r は媒質の比誘電率である．また，**屈折率**（refractive index）n を使えば $\sqrt{\varepsilon_r} = n$ と表すことができる．

これらを基に式 (1.13b)，式 (1.3)，式 (1.14)，式 (1.16) より，平面波の位相定数 k，波長 λ，伝搬速度 v，波動インピーダンス η は

$$k = \omega\sqrt{\varepsilon\mu} = \omega\sqrt{\varepsilon_0\mu_0}\sqrt{\varepsilon_r} = k_0 n \tag{1.17a}$$

$$\lambda = \frac{2\pi}{k} = \frac{2\pi}{k_0 n} = \frac{\lambda_0}{n} \tag{1.17b}$$

$$v = \frac{1}{\sqrt{\varepsilon\mu}} = \frac{1}{\sqrt{\varepsilon_0\mu_0}\sqrt{\varepsilon_r}} = \frac{c}{n} \tag{1.17c}$$

$$\eta = \sqrt{\frac{\mu}{\varepsilon}} = \sqrt{\frac{\mu_0}{\varepsilon_0}}\frac{1}{\sqrt{\varepsilon_r}} = \frac{\eta_0}{n} \tag{1.17d}$$

となる．ここで，真空中の平面波の位相定数 k_0，波長 λ_0，伝搬速度 c，波動インピーダンス η_0 を用いており，それらは次式で表される．

$$k_0 = \omega\sqrt{\varepsilon_0\mu_0}, \quad \lambda_0 = \frac{2\pi}{k_0} = \frac{2\pi}{\omega\sqrt{\varepsilon_0\mu_0}}, \quad c = \frac{1}{\sqrt{\varepsilon_0\mu_0}}, \quad \eta_0 = \sqrt{\frac{\mu_0}{\varepsilon_0}} \tag{1.18}$$

このうち，c と η_0 はつねに定数で，それぞれ $c \approx 3 \times 10^8$ m/s，$\eta_0 \approx 377\,\Omega$ である．これらを用いると，k，λ，v，η は，真空中での値と媒質の屈折率とで表されることがわかる．

また，光波の伝搬路において，実際の距離 L に屈折率 n を掛けた nL は**光路長**（optical path length）と呼ばれている．これは，同じ時間に真空中を光波が伝搬する距離に対応し，実効的な伝搬路の長さを表すものである．

ここで，電気回路で学んだ分布定数回路の電圧 V を電界 $\boldsymbol{E}$ に，電流 I を磁界 $\boldsymbol{H}$ に，さらに，回路のインダクタンス L を μ に，容量 C を ε に置き換えて考えてみれば，位相定数 k，波長 λ，伝搬速度 v は，分布定数回路のそれらと同じであることがわかる．また，分布定数回路の特性インピーダンスは波動イ

ンピーダンス η に対応する．このような波の伝搬については，いままでの知識を十分に活用して理解していくことが重要である．

1.2.4 観測方向による平面波の特性

つぎに，平面波を伝搬方向とは異なる方向に観測する場合について考えてみよう．図 1.4 のように，観測方向が伝搬方向から角度 θ の方向の場合，位置ベクトル $\boldsymbol{r}$ を観測方向に設定すれば，$\boldsymbol{k} \cdot \boldsymbol{r} = |\boldsymbol{k}||\boldsymbol{r}|\cos\theta = (k\cos\theta)r$ となる．r は観測方向の距離なので，その方向の位相定数 k_θ は

$$k_\theta = k\cos\theta = k_0 n \cos\theta \tag{1.19}$$

である．また，同じ方向に見たときの波長 λ_θ，位相速度 v_θ は

$$\lambda_\theta = \frac{2\pi}{k_\theta} = \frac{\lambda}{\cos\theta} = \frac{\lambda_0}{n\cos\theta} \tag{1.20a}$$

$$v_\theta = \frac{\omega}{k_\theta} = \frac{v}{\cos\theta} = \frac{c}{n\cos\theta} \tag{1.20b}$$

となる．

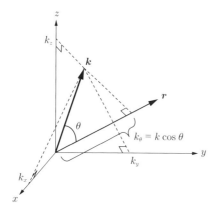

図 1.4　平面波を伝搬方向 $\boldsymbol{k}$ とは異なる方向 $\boldsymbol{r}$ に見た場合の位相定数

これらの式からもわかるように，角度 θ が増加すると，k_θ が減少し，λ_θ と v_θ は増加する．v_θ は真空中の光速 c を超えることもあるが，ここで扱っている波の速度は，あくまでも波面が移動する見掛け上の速度で，実際に波のエネル

ギーが伝搬する速度ではないので，物理的に矛盾することはない。

図 1.5 に，理解しやすいように，xy 面内において，任意の方向に進む平面波を x および y 軸方向に見た場合を示している。これは，防波堤に斜めに波が押し寄せている状況に似ている。図から，座標軸方向に見たときの波長や速度は，元の平面波のそれらに比べて，必ず大きい値を取ることがよくわかる。

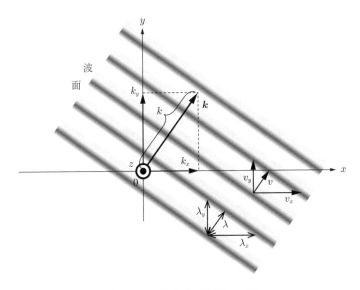

図 1.5　xy 面内での平面波の様子

これを一般的に表すと，波数ベクトル $\bm{k} = (k_x, k_y, k_z)$ の平面波を各座標軸方向に見たときの波長と伝搬速度は

$$\left.\begin{array}{l} \lambda_x = \dfrac{2\pi}{k_x}, \quad \lambda_y = \dfrac{2\pi}{k_y}, \quad \lambda_z = \dfrac{2\pi}{k_z} \\[6pt] v_x = \dfrac{\omega}{k_x}, \quad v_y = \dfrac{\omega}{k_y}, \quad v_z = \dfrac{\omega}{k_z} \end{array}\right\} \tag{1.21}$$

となる。これより，$k^2 = k_x^2 + k_y^2 + k_z^2$ であるので，$1/\lambda^2 = 1/\lambda_x^2 + 1/\lambda_y^2 + 1/\lambda_z^2$，および，$1/v^2 = 1/v_x^2 + 1/v_y^2 + 1/v_z^2$ の関係があることもわかる。

1.3 偏　　　光

　光波の電磁界は，図 1.3 にも示したように伝搬方向に対して垂直な方向を向いており，横波とも考えることができる。電界について注目すると，伝搬方向に垂直な面内では任意の方向をもつ自由度がある。このような，垂直面内の電界の向きやその時間変化の様子を**偏光**（polarization）と呼び，電界ベクトルの方向は偏光方向と呼ばれている。

　いま，光波の伝搬方向を z とすると，電界ベクトルは xy 面内の成分からなり，$\boldsymbol{E} = (E_x, E_y, 0)$ とおける。E_x に対する E_y の位相差を δ とすると，E_x，E_y の実数表現は，それぞれ，次式のように表すことができる。

$$\left. \begin{aligned} E_x &= E_{0x} \cos(\omega t - kz) \\ E_y &= E_{0y} \cos(\omega t - kz + \delta) \end{aligned} \right\} \tag{1.22}$$

ここで，振幅 E_{0x}，E_{0y} は正の実数とし，δ の範囲を $-\pi < \delta \leq \pi$ とする。

　通常，偏光状態とは，光波を進行方向から見たときに電界ベクトルがどのように時間変化するかで表す。そこで，$+z$ 方向に伝搬する波では，xy 面内 ($z=0$) でのベクトル $\boldsymbol{E}$ の時間変化の様子を観測するのがわかりやすい。以下では，直線偏光，円偏光，楕円偏向の三つの偏光状態が生じる条件を考える。

〔**1**〕**直線偏光**　　位相差 δ が 0，または，π のとき，つまり，E_x と E_y が同相，または，逆相のときを考えてみよう。その場合，式 (1.22) は

$$\left. \begin{aligned} E_x &= E_{0x} \cos(\omega t - kz) \\ E_y &= \pm E_{0y} \cos(\omega t - kz) \end{aligned} \right\} \tag{1.23}$$

で表され，符号は $+$ が $\delta = 0$ に，$-$ が π に対応する。$\delta = 0$ のとき，つまり，E_x と E_y が同相のときについて，図 **1.6**(a) には xy 面内での $\boldsymbol{E}$ の時間変化の様子を，図 (b) には時間 t を固定して場所 z に対する $\boldsymbol{E}$ の変化を模式的に示している。$\boldsymbol{E}$ は xy 面内のある一方向に振動しており，このような偏光状態を**直**

12   1. 光波の伝搬

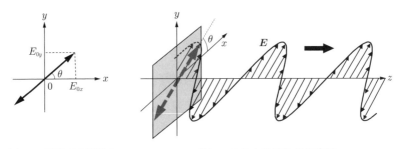

(a) xy 面内での電界の時間変化

(b) z に対する電界 $\boldsymbol{E}$ の変化

図 1.6　直線偏光

線偏光 (linear polarization) と呼ぶ。また，当然のこととして，E_{0x}, E_{0y} のいずれかが 0 のときも直線偏光となる。

偏光方向 θ は次式のように求められる。

$$\tan\theta = \pm\frac{E_{0y}}{E_{0x}} \tag{1.24}$$

ただし，式 (1.23) と式 (1.24) は複号同順である。

〔2〕**円偏光**　つぎに，$\delta = \pm\pi/2$，かつ，$E_{0x} = E_{0y} = E_{0c}$ のときの各電界成分は

$$\left.\begin{array}{l} E_x = E_{0c}\cos(\omega t - kz) \\ E_y = E_{0c}\cos\left(\omega t - kz \pm \dfrac{\pi}{2}\right) = \mp E_{0c}\sin(\omega t - kz) \end{array}\right\} \tag{1.25}$$

となる。図 **1.7**(a) に，$\delta = +\pi/2$ のとき，つまり，E_y が E_x よりも位相が 90° 進んでいるときの $z=0$ での $\boldsymbol{E}$ の時間変化の様子を示す。伝搬方向に対する断面内でベクトル $\boldsymbol{E}$ は円を描いて回転することがわかる。図 (b) から z 方向に対しても円を描くように伝搬している。このような偏光状態を**円偏光** (circular polarization) と呼ぶ。この場合は，光波の進行方向から見ると，xy 面内において電界が時間とともに右回りに回るので，右回り円偏光と呼ばれる。同様に，

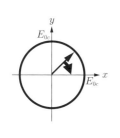
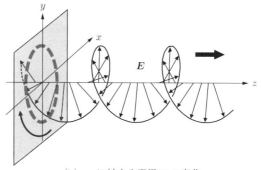

(a) xy 面内での電界の時間変化

(b) z に対する電界 E の変化

図 1.7　円偏光

$\delta = -\pi/2$ のときは左回り円偏光となる[†]。

〔3〕 **楕円偏光**　直線偏光と円偏光は，上で述べた特別な条件のときに起こる偏光状態であるが，それ以外の場合は，すべて，図 1.8 に示すように断面内で E は楕円状に動く**楕円偏光** (elliptical polarization) となる。楕円偏光で

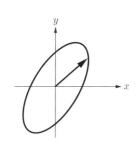
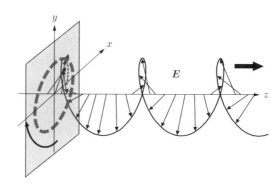

(a) xy 面内での電界の時間変化

(b) z に対する電界 E の変化

図 1.8　楕円偏光

[†] 円偏光の回転方向については，電気工学の分野では，一般に波が進む方向に見たときの電界ベクトルの回転方向とされている。そのため，まったく同じ円偏光の電磁波であっても，本節で説明した回転方向とは逆に捉えることになるので注意が必要である。ちなみに，呼び名についても，電気工学の分野では，偏光のことは偏波と呼び，直線偏波，円偏波などのように呼ばれる。

も同様に回転する方向によって，右回りと左回りで区別することができる。直線偏光と円偏光は，楕円偏光の内の特殊な偏光状態と考えて，楕円偏光に含めて考える場合もある。

このように，光波の偏光状態は，電界の直交する x, y 成分の，振幅 E_x, E_y と，それらの間の位相差 δ とで決まることがわかる。

1.4 光波のエネルギーと電力

つぎに，光波のエネルギーについて考えてみよう。光波が空間に蓄積しているエネルギー密度（energy density）〔J/m^3〕を u とすると，これは，電界による電気的エネルギー密度 u_e，および，磁界による磁気的エネルギー密度 u_m の和，$u = u_e + u_m$ となる。u_e, u_m は，電磁気学などですでに学んだように

$$u_e = \frac{1}{2}\mathrm{Re}[\boldsymbol{D}] \cdot \mathrm{Re}[\boldsymbol{E}] \tag{1.26a}$$

$$u_m = \frac{1}{2}\mathrm{Re}[\boldsymbol{B}] \cdot \mathrm{Re}[\boldsymbol{H}] \tag{1.26b}$$

である。ここで，エネルギーを考える場合，電磁界の時間変化を考慮する必要があるので，ベクトルの演算は実数表現で行わなければならない。そのため，ここでは各ベクトルは実部で演算する。$\mathrm{Re}[\boldsymbol{E}]$ は，ベクトル $\boldsymbol{E}$ の各成分の実部をとった成分で構成されているベクトルを表している。

ここで，空間が等方的で均一であるなら，式 (1.16) を用いて

$$u_e = \frac{1}{2}\varepsilon|\mathrm{Re}[\boldsymbol{E}]|^2 = \frac{1}{2}\varepsilon\eta^2|\mathrm{Re}[\boldsymbol{H}]|^2 = \frac{1}{2}\mu|\mathrm{Re}[\boldsymbol{H}]|^2 = u_m \tag{1.27}$$

となり，$u_e = u_m$ であることがわかる。したがって，全エネルギー密度 u は

$$u = 2u_e = \varepsilon|\mathrm{Re}[\boldsymbol{E}]|^2 \tag{1.28}$$

として，電気的エネルギー密度 u_e だけを考えておけばよい。

いま，光波の伝搬方向を $+z$ とすると，$|\mathrm{Re}[\boldsymbol{E}]| = E_0 \cos(\omega t - kz + \varphi_0)$ と表される。ただし，E_0 は電界の振幅，φ_0 は初期位相である。これを式 (1.28)

に代入すると

$$u = \varepsilon E_0^2 \cos^2(\omega t - kz + \varphi_0) = \frac{1}{2}\varepsilon E_0^2 + \frac{1}{2}\varepsilon E_0^2 \cos 2(\omega t - kz + \varphi_0) \tag{1.29}$$

この式の右辺第1項は時間変化しない項で，第2項は時間平均すると0になる。光波のエネルギーを考える場合は，時間平均値が意味をもつことが多い。u の時間平均 u_{av} は

$$u_{av} = \frac{1}{2}\varepsilon E_0^2 \tag{1.30}$$

となる。

つぎに，光波のエネルギーの流れ（energy flux）を考える。伝搬方向の単位ベクトルを s とすると，エネルギーの流れを表すベクトル $\boldsymbol{S}$ は，方向が s，大きさが uv のベクトルとなる。したがって，式(1.14)，式(1.16)，式(1.28)より

$$\boldsymbol{S} = uv\boldsymbol{s} = \frac{u}{\sqrt{\varepsilon\mu}}\boldsymbol{s} = \sqrt{\frac{\varepsilon}{\mu}}|\mathrm{Re}[\boldsymbol{E}]|^2\boldsymbol{s} = \frac{|\mathrm{Re}[\boldsymbol{E}]|^2}{\eta}\boldsymbol{s} \tag{1.31}$$

と表される。このベクトルは光波の伝搬方向に垂直な単位面積を単位時間に通過するエネルギー〔J/m²/s〕，つまり，単位面積を通過する**光電力**（light power）〔W/m²〕を表していることになる。

同様に，$\boldsymbol{S}$ の時間平均は式(1.30)，式(1.31)より

$$\boldsymbol{S}_{av} = \frac{E_0^2}{2\eta}\boldsymbol{s} \tag{1.32}$$

また，ある場所での**光強度**（light intensity）I〔W/m²〕は，単位面積を通過する光電力の時間平均とすると

$$I = |\boldsymbol{S}_{av}| = \frac{E_0^2}{2\eta} \tag{1.33}$$

となる。ここで，屈折率 n の媒質中の伝搬を考えた場合，式(1.17d)より

$$\boldsymbol{S}_{av} = \frac{nE_0^2}{\eta_0}\boldsymbol{s} \tag{1.34a}$$

$$I = \frac{nE_0^2}{2\eta_0} \tag{1.34b}$$

と表される。通常,光波を光検出器などで検出する場合は,光強度 I を測定することになる。したがって,後述する光学素子の特性を解析する場合などで上式を利用する。

ところで,電磁気学でポインティングベクトル $\mathrm{Re}[\boldsymbol{E}] \times \mathrm{Re}[\boldsymbol{H}]$ を学んでいると思うが,これは式 (1.31) を用いれば,以下のように,ベクトル $\boldsymbol{S}$ と同じものであることがわかる。

$$\mathrm{Re}[\boldsymbol{E}] \times \mathrm{Re}[\boldsymbol{H}] = |\mathrm{Re}[\boldsymbol{E}]||\mathrm{Re}[\boldsymbol{H}]|\boldsymbol{s} = \frac{|\mathrm{Re}[\boldsymbol{E}]|^2}{\eta}\boldsymbol{s} = \boldsymbol{S} \tag{1.35}$$

演 習 問 題

【1】 振幅 5,波長 10 cm,初期位相 $\pi/3$ で,z 方向に速度 10^8 m/s で伝搬している波を実数表現,および複素表現で表せ。

【2】 式 (1.12) が式 (1.11) の解であることを証明せよ。

【3】 式 (1.13),式 (1.9a) より,式 (1.15) を導け。

【4】 真空中の波長 5 μm の光波が,屈折率 2 の媒質中を伝搬しているときの,波動インピーダンス η,伝搬速度(位相速度)v,周波数 f,波長 λ,位相定数 k をそれぞれ求めよ。

【5】 屈折率 2 の媒質中を $(1,1,2)$ 方向に伝搬する光波の位相定数 k,波数ベクトル $\boldsymbol{k}$,および,この波を x 方向に見たときの速度 v_x,波長 λ_x をそれぞれ求めよ。ただし,光波の角周波数,真空中の誘電率,透磁率をそれぞれ ω,ε_0,μ_0 する。

【6】 次式で表される光波の偏光状態を求めよ。

(1) $\begin{cases} E_x = \cos(\omega t - kz) \\ E_y = 2\sin(\omega t - kz) \end{cases}$ (2) $\begin{cases} E_x = 2\cos(\omega t - kz + \pi/2) \\ E_y = 2\cos(\omega t - kz) \end{cases}$

(3) $\begin{cases} E_x = 3\sin(\omega t - kz) \\ E_y = 6\sin(\omega t - kz + \pi) \end{cases}$

【7】 電界の振幅 $E_0 = 10$ mV/m の光波が屈折率 1.5 の媒質中を伝搬しているときの,磁界の振幅 H_0,エネルギー密度の時間平均 u_{av},光強度 I,伝搬方向に垂直な面積 1 cm^2 の面を貫く光電力の時間平均をそれぞれ求めよ。

【8】 式 (1.35) を導け。

2 光波の性質

　本章では,1章で学んだ光波の伝搬についての知識を用いて,光波の波動としての重要な性質である屈折,回折,干渉などの現象を解析する。ここで学ぶことは,光学を応用する際の最も基礎的な内容であり,3章以下を理解するうえでも不可欠であるので,十分に理解して欲しい。

2.1 反射と屈折

2.1.1 屈折率境界面での反射と透過

　本節では,光波が異なる屈折率の媒質に入射する際に起こる**反射**(reflection)や**屈折**(refraction)について述べる。まず,図 2.1 のように,屈折率が n_1 の媒質 1 から n_2 の媒質 2 に向かって,平面波が境界面に垂直に入射したときを考えてみよう。入射光の伝搬方向を $+z$ とし,境界面での電界および磁界の方

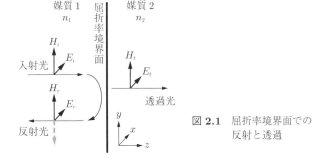

図 2.1　屈折率境界面での反射と透過

向をそれぞれ，$+x$，$+y$ 方向とする．入射光は反射光と透過光に分かれるが，境界面では電界，磁界がともに連続でなければならない．

境界面上での電界，磁界の振幅を，入射光は E_i，H_i，反射光は E_r，H_r，透過光は E_t，H_t とそれぞれ置く．電界は境界面での連続性より $E_i + E_r = E_t$ と置ける．一方，磁界については，図 2.1 に示すように，反射光は $-z$ 方向に伝搬するので，電界の方向が $+x$ であれば，磁界の方向は本来 $-y$ になる．したがって，境界面上では，反射光の磁界は位相が反転したことになり，$H_i - H_r = H_t$ となる．また，式 (1.17d) より，電界と磁界の振幅の関係は，$E_i = (\eta_0/n_1)H_i$，$E_r = (\eta_0/n_1)H_r$，$E_t = (\eta_0/n_2)H_t$ である．

ここで，電界の反射係数を r，透過係数を t とすると，$E_r = rE_i$，$E_t = tE_i$ である．これらの式を使って，r と t を求めると

$$r = \frac{n_1 - n_2}{n_1 + n_2}, \quad t = \frac{2n_1}{n_1 + n_2} = 1 + r \tag{2.1}$$

となり，二つの媒質の屈折率のみによって r と t が決まることがわかる．

ここで，係数の符号は，正であれば入射波に対して電界の向きが同じ，つまり，同相を表し，負であれば電界の向きが反転，つまり，逆相を表す．**図 2.2** は，式 (2.1) を用いて，屈折率比 n_1/n_2 に対する r，t の変化をグラフにしたものである．屈折率の差が大きいほど，反射波が大きくなり，透過係数 t が減少することがわかる．また，$n_1 > n_2$ のときは $r > 0$ で，反射波は入射波と同相で，$n_1 < n_2$ のときは $r < 0$ となり，反射波は入射波とは逆相になる．

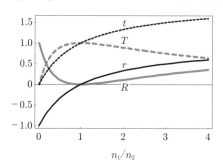

図 2.2　屈折率比 n_1/n_2 に対する各定数の変化

ところで，$n_1 > n_2$ の場合は t が 1 を超え，透過光の電界振幅が入射光よりも大きくなる。これは，奇妙に思えるかもしれないが，電力反射率 R と電力透過率 T を考えれば矛盾のないことがわかる。入射波，反射波，透過波の強度をそれぞれ，I_i, I_r, I_t と置くと，式 (1.34b) より

$$\left. \begin{aligned} I_i &= \frac{n_1 E_i^2}{2\eta_0} \\ I_r &= \frac{n_1 E_r^2}{2\eta_0} = \frac{n_1 r^2 E_i^2}{2\eta_0} \\ I_t &= \frac{n_2 E_t^2}{2\eta_0} = \frac{n_2 t^2 E_i^2}{2\eta_0} \end{aligned} \right\} \tag{2.2}$$

式 (2.1)，式 (2.2) から

$$\left. \begin{aligned} R &= \frac{I_r}{I_i} = r^2 \\ T &= \frac{I_t}{I_i} = \frac{n_2}{n_1} t^2 = \frac{4 n_1 n_2}{(n_1 + n_2)^2} = 1 - r^2 = 1 - R \end{aligned} \right\} \tag{2.3}$$

したがって，電力で考えると，$0 \leq R \leq 1$, $R + T = 1$ であるので，$0 \leq T \leq 1$ となり，矛盾はない。n_1/n_2 に対する R, T の変化を図 2.2 に合わせて描いている。光波の電力は電界振幅だけでなく，屈折率にも依存するので，屈折率の異なる媒質間では，電界振幅が増加しても必ずしも光電力は増加するわけではない。

2.1.2 屈折率境界面への斜め入射

〔1〕 スネルの法則　図 **2.3** に示すように屈折率の境界面に平面波が斜めに入射したときの，入射角 θ_1, 屈折角 θ_2, 反射角 θ_3 の関係は**スネルの法則**（Snell's law）としてよく知られている。入射波，透過波，反射波の光路を含む平面は**入射面**（plane of incidence）と呼ばれており，境界面上では図のように，波面が y 方向に伝搬することになる。そのため，境界面上で，入射波，反射波，透過波の波面が一致するためには，それぞれの波の y 方向の位相定数 $k_0 n_2 \sin \theta_2$, $k_0 n_1 \sin \theta_3$ と $k_0 n_1 \sin \theta_1$ が一致する必要がある。

20   2. 光波の性質

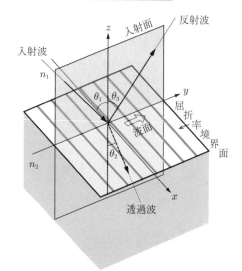

図 2.3 屈折率境界面への平面波の斜め入射

したがって，次式のように，スネルの法則が導かれることがわかる。

$$n_1 \sin\theta_1 = n_2 \sin\theta_2, \quad \theta_1 = \theta_3 \tag{2.4}$$

〔2〕 ブルースター角　つぎに，屈折率境界面に入，出射する光波の偏光方向を含めて考えてみよう。図 2.4 に示すように，一般に電界成分が入射面に平行な光波は P 波，垂直な光波は S 波と呼ばれている。P 波，S 波に対する反射係数の入射角依存性の一例を図 2.5 に示す。入射角 θ_1 が大きくなると，反射係数が増加し，透過係数が減少するが，P 波に対してのみ，ある角度 θ_B において，反射係数が 0 となり，入射光がすべて透過する。この入射角 θ_B は発

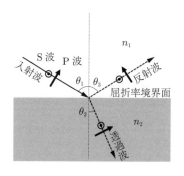

図 2.4 屈折率境界面での反射と屈折

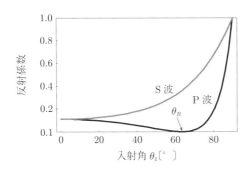

図 2.5 P波，S波に対する反射係数の入射角依存性

見者の名前を取って**ブルースター角**（Brewster's angle）と呼ばれている。

この現象は $\theta_1 + \theta_2 = \pi/2$ のときに起こり，そのとき，$\theta_1 = \theta_3 = \theta_B$ である。したがって，式(2.4)のスネルの法則により，θ_B は次式で表される。

$$\frac{n_2}{n_1} = \tan\theta_B \tag{2.5}$$

また，この式は n_1 と n_2 の大小関係とは関係なく成立する。ブルースター角の原理は，あとに出てくるように，レーザの偏光方向をそろえるためなどにも利用されている。

2.2 干 渉

複数の光波が同時に存在した場合，それらの電磁界成分が足し合わされて，強め合う場所と弱め合う場所が生じる。これは**干渉**（interference）と呼ばれ，光波が波動であることによる基本的な現象である。ここでは，干渉の一般的な性質を述べていく。

2.2.1 同一周波数の二光波の干渉

はじめに，同じ周波数の二つの光波，光波Aと光波Bが同時に存在したときの光強度の変化を求めてみよう。二光波の電界の方向は同じとして，その方向の単位ベクトルを e とすると，場所 r での二光波の電界 $\boldsymbol{E}_A$，$\boldsymbol{E}_B$ は，それぞれ

22　　2. 光波の性質

$$\left.\begin{array}{l}\boldsymbol{E}_A = \boldsymbol{e}E_{0A}e^{j(\omega t - \boldsymbol{k}_A \cdot \boldsymbol{r} + \varphi_{0A})} \\ \boldsymbol{E}_B = \boldsymbol{e}E_{0B}e^{j(\omega t - \boldsymbol{k}_B \cdot \boldsymbol{r} + \varphi_{0B})}\end{array}\right\} \quad (2.6)$$

で表される。ここで，光波 A，光波 B の波数ベクトルを $\boldsymbol{k}_A$，$\boldsymbol{k}_B$ で，電界の振幅を実数 E_{0A}，E_{0B} で，初期位相を φ_{0A}，φ_{0B} で，それぞれ表している。二光波の光強度は式 (1.33) から

$$I_A = \frac{E_{0A}^2}{2\eta}, \quad I_B = \frac{E_{0B}^2}{2\eta} \quad (2.7)$$

であるので，式 (2.6) の電界を重ね合わせて干渉させたときの光強度 I は

$$I = \frac{1}{2\eta}|\boldsymbol{E}_A + \boldsymbol{E}_B|^2 = \frac{1}{2\eta}\{E_{0A}^2 + E_{0B}^2 + E_{0A}E_{0B}(e^{j\Delta\varphi} + e^{-j\Delta\varphi})\}$$
$$= I_A + I_B + 2\sqrt{I_A I_B}\cos\Delta\varphi \quad (2.8)$$

となる。ただし，$\Delta\varphi$ は場所 $\boldsymbol{r}$ での光波 B の光波 A に対する位相差で，二光波間の初期位相の差を $\delta_0 = \varphi_{0B} - \varphi_{0A}$ とすると

$$\Delta\varphi = -(\boldsymbol{k}_B - \boldsymbol{k}_A)\cdot\boldsymbol{r} + \delta_0 \quad (2.9)$$

である。式 (2.8) より，I は $\Delta\varphi$ に応じて周期的に変化し，m を整数とすると，$\Delta\varphi = 2m\pi$ のとき，つまり，二光波が同相のときに $\cos\Delta\varphi = 1$ となって極大値（$I_{\max}$）を取り，$\Delta\varphi = (2m+1)\pi$ のとき，つまり，逆相のときは $\cos\Delta\varphi = -1$ となって極小値（$I_{\min}$）を取ることがわかる。$I_{\max}$，$I_{\min}$ は次式で表される。

$$\left.\begin{array}{l}I_{\max} = I_A + I_B + 2\sqrt{I_A I_B} = (\sqrt{I_A} + \sqrt{I_B})^2 \\ I_{\min} = I_A + I_B - 2\sqrt{I_A I_B} = (\sqrt{I_A} - \sqrt{I_B})^2\end{array}\right\} \quad (2.10)$$

つぎに，干渉における**鮮明度**（visibility）V を次式のように定義する。

$$V = \frac{I_{\max} - I_{\min}}{I_{\max} + I_{\min}} = \frac{2\sqrt{I_A I_B}}{I_A + I_B} = \frac{2\sqrt{I_B/I_A}}{1 + I_B/I_A} \quad (2.11)$$

V は，可視度や変調度とも呼ばれ，干渉のコントラストを表す指標で，同じ強度の光波を干渉させた場合（$I_A = I_B$）に最大で 1 となり，最もコントラストの良い干渉が起こる。

$I_{\max} = 1$ として，位相差 $\Delta\varphi$ に対する I の変化を**図 2.6** に示す。干渉によっ

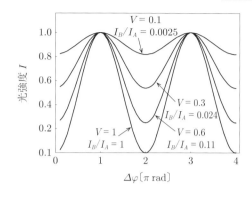

図 2.6 位相差 $\Delta\varphi$ に対する光強度 I の変化

て，光強度 I は $\Delta\varphi$ に対して周期的に変化し，光強度比 I_B/I_A に応じてコントラストが変化していることがわかる。また，二光波間の強度比が $10:1$ 程度であっても $V = 0.6$ の強度変化が観測できることがわかる。

ここでの議論では，光波は振幅や周波数が一定の完全な波として解析している。しかし，実際の光波の干渉の際には振幅や周波数が変動することがあり，その影響によっても可視度 V は低下する場合がある。

2.2.2　斜め交差による二光波の干渉

実際に，平面内で斜めに交差する二光波間の干渉について考えてみよう。図 2.7 のように同じ波長の光波 A と光波 B を，yz 面を入射面として角度 2θ で交

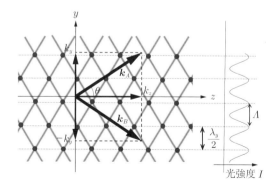

図 2.7　斜め交差による 2 光波の干渉

差しているとする。

S波を仮定し，光波の電界はx成分のみとする。この場合の波数ベクトル$\bm{k}_A$，$\bm{k}_B$は，1.2節で述べたように媒質の屈折率をnとすると，大きさは$k_0 n$で方向は光波の伝搬方向となるので

$$\left.\begin{array}{l}\bm{k}_A = (0, k_y, k_z) = (0, k_0 n \sin\theta, k_0 n \cos\theta) \\ \bm{k}_B = (0, -k_y, k_z) = (0, -k_0 n \sin\theta, k_0 n \cos\theta)\end{array}\right\} \qquad (2.12)$$

となる。したがって，任意の場所$\bm{r} = (x, y, z)$において

$$\left.\begin{array}{l}\bm{k}_A \cdot \bm{r} = k_y y + k_z z = k_0 n(y\sin\theta + z\cos\theta) \\ \bm{k}_B \cdot \bm{r} = -k_y y + k_z z = k_0 n(-y\sin\theta + z\cos\theta)\end{array}\right\} \qquad (2.13)$$

ここで，二光波間の位相差$\Delta\varphi$は，式 (2.9) より

$$\Delta\varphi = \bm{k}_A \cdot \bm{r} - \bm{k}_B \cdot \bm{r} + \delta_0 = 2k_y y + \delta_0 = 2nk_0 y\sin\theta + \delta_0 \qquad (2.14)$$

で表され，これを式 (2.8) に代入すると，光強度Iは

$$I = I_A + I_B + 2\sqrt{I_A I_B}\cos(2nk_0 y\sin\theta + \delta_0) \qquad (2.15)$$

となる。図 2.7 にも描かれているように，y方向には光強度Iは正弦波状に変化して，**定在波** (standing wave) が生じていることがわかる。

ここで，定在波の腹，つまり，光強度が極大となる位置yは，$\Delta\varphi = 2m\pi$（mは整数）のときである。いま，整数mに対応するyをy_mとすると

$$y_m = \frac{2m\pi - \delta_0}{2nk_0 \sin\theta} \qquad (2.16)$$

で表される。定在波の波長Λは，式 (2.16) における隣り合うmの間の間隔であるので

$$\Lambda = y_{m+1} - y_m = \frac{\pi}{k_0 n \sin\theta} = \frac{\lambda_0}{2n\sin\theta} = \frac{\lambda_y}{2} \qquad (2.17)$$

となる。ここで，λ_yは平面波をy方向に見たときの波長で，Λはその2分の1となることがわかる。また，式 (2.16) より，定在波の腹の位置は，二光波間の初期位相の差δ_0によって決まり，時間的には静止していることがわかる。

図 **2.8** は二光波の干渉の様子を描いたもので,光強度が極大となる位置は間隔 Λ で並んだ y 軸に垂直な平面となり,**干渉じま**(interference fringes)と呼ばれるしま模様が生じることになる。また,式 (2.17) より,交差角 θ が大きいほど Λ は小さくなり,$\theta = 90°$ のとき,つまり,二光波が同一方向で向かい合わせに干渉するときに Λ は最小の $\lambda/2$ となることがわかる。

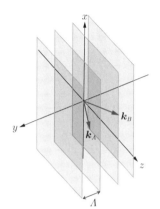

図 **2.8** 光強度が極大となる位置(干渉じま)

2.2.3 異なる周波数の二光波間の干渉

つぎに,周波数差がある二光波間の干渉について考えてみよう。式 (2.6) の二光波の角周波数を ω_A, ω_B として計算すると

$$\left. \begin{array}{l} \boldsymbol{E}_A = \boldsymbol{e} E_{0A} e^{j(\omega_A t - \boldsymbol{k}_A \cdot \boldsymbol{r} + \varphi_{0A})} \\ \boldsymbol{E}_B = \boldsymbol{e} E_{0B} e^{j(\omega_B t - \boldsymbol{k}_B \cdot \boldsymbol{r} + \varphi_{0B})} \end{array} \right\} \quad (2.18)$$

$$I = \frac{1}{2\eta}|\boldsymbol{E}_A + \boldsymbol{E}_B|^2 = I_A + I_B + 2\sqrt{I_A I_B}\cos(\Delta\omega t + \Delta\varphi) \quad (2.19)$$

ただし,$\Delta\omega = \omega_B - \omega_A$ と置いている。この場合は,干渉後の光強度は角周波数 $\Delta\omega$ で時間変化する,いわゆる**ビート信号**(beat signal)が生じていることがわかる。また,二光波間の位相差 $\Delta\varphi$ がビート信号の位相にも含まれており,このような干渉の原理は光波によるヘテロダイン検波などにも利用されている。

2.3 回折と集光

ここでは,光波の波動性を表すもう一つの重要な現象である**回折**(diffraction)について考えていく。いままでは,無限に広い平面を波面とする平面波を考えていたが,有限の大きさの開口を通過した光波は波面の広さも有限となる。その場合,図 2.9 に示すように**ホイヘンスの原理**(Huygens' principle)により二次球面波が広がっていくことでも,物陰にも光波が回り込む回折現象が直感的に説明できる。

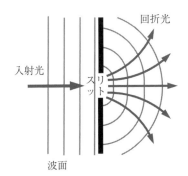

図 2.9 ホイヘンスの原理による回折現象の説明

同様に,レーザ光を空間伝搬させるとビーム状になり,直進性がよく,狭い領域で見れば平面波と考えてもよいが,実際には,小さな開口面から放射されているために回折による広がり角度を持っている。本節では,このような回折現象について述べていく。

2.3.1 単スリットからの回折

はじめに,図 2.10 に示すような,幅が狭く,縦方向には十分に長い,スリット状の単一の開口からの回折を考える。この場合,開口幅に比べて十分に遠い位置で観測される**フランホーファー回折**(Fraunhofer diffraction)と,比較的近い距離で観測される**フレネル回折**(Fresnel diffraction)に分けられるが,ここでは,フランホーファー回折の原理によって回折強度分布を求めてみよう。

2.3 回折と集光

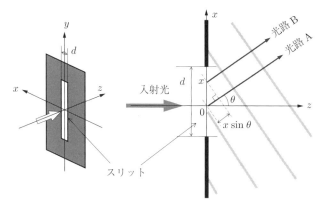

図 2.10 単スリットからの回折の計算法

スリットを通過した光波の角度 θ 方向に向かう成分を求める。スリットを開口面として，開口面上のすべての点から発生する二次球面波の θ 方向に向かう成分を，位相差を考慮して足し合わせる。開口面上では電界振幅を E_0 で一様とする。開口面上の x の位置から出発して θ 方向に向かう光路 B は，$x = 0$ の位置から出発する光路 A に比べて，$x \sin \theta$ だけ距離が短いので，$kx \sin \theta$ の位相差がつくことになる。したがって，θ 方向に向かう光波の電界 $E(\theta)$ は

$$\left.\begin{aligned} E(\theta) &= \int_{-d/2}^{d/2} E_0 e^{jkx \sin \theta} dx = \frac{2E_0}{k \sin \theta} \sin \left(\frac{d}{2} k \sin \theta \right) = dE_0 \frac{\sin X}{X} \\ X &= \frac{d}{2} k \sin \theta = \frac{\pi d}{\lambda} \sin \theta \end{aligned}\right\} \tag{2.20}$$

となる。また，光強度分布は，式 (1.33) より

$$I(\theta) = \frac{E_0^2}{2\eta} \left(\frac{d \sin X}{X} \right)^2 \tag{2.21}$$

図 2.11 に，この式より求めた角度に対する回折光の強度分布を示す。単純に広がるのではなく，周期的な変化をしているが，角度が大きくなると急激に強度が小さくなる。図 2.12 は，スリット幅 d よりも十分に大きな距離 L の位置にスクリーンを置いた場合の回折パターンを模式的に示したものである。中央の大きな山は 0 次回折光で，メインローブとも呼ばれ，大部分の光電力はこ

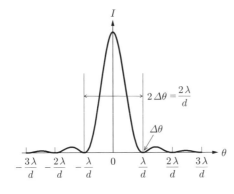

図 **2.11** 単スリットによる回折光の強度分布

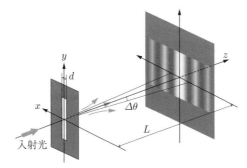

図 **2.12** 単スリットによる回折

の中に含まれている。メインローブの両側の山は内側から順に，1次回折光，2次回折光で，それらはサイドローブとも呼ばれている。

スリットからの回折広がり角度 $\Delta\theta$ を0次回折の範囲とすると，$\Delta\theta$ は式 (2.20) で $X = \pi$ となる角度となる。いま，$\Delta\theta$ は十分小さいとすると

$$\Delta\theta = \sin^{-1}\frac{\lambda}{d} \approx \frac{\lambda}{d} \tag{2.22}$$

と近似でき，$\Delta\theta$ は波長 λ に比例し，スリット幅 d に反比例することがわかる。λ と d が決まると，式 (2.22) の $\Delta\theta$ 以下の角度にビームを絞り込むことが物理的に不可能になり，このような性質は**回折限界**（diffraction limit）と呼ばれている。

2.3.2 円形開口からの回折

つぎに，図 2.13 に示すように，直径 D の円形開口からの回折光を求めてみよう。開口面内での光波の電界振幅 E_0 は一定であるとし，単一スリットのときと同様に，角度 θ 方向の光路差による位相差を考慮して，開口面内で積分する。

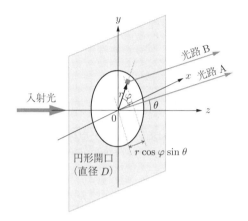

図 2.13　円形開口による回折の計算法

ここでは，円柱座標系 (r, φ, z) を用い，開口面内 $(0 \leqq r \leqq D/2,\ 0 \leqq \varphi \leqq 2\pi,\ z = 0)$ の微小面積 $r\, d\varphi\, dr$ から x 軸方向に角度 θ 傾いた方向に向かう光路 B と原点からの光路 A との光路差は，$r \cos\varphi \sin\theta$ となるので，それに伴う位相差を考慮して，開口面内で面積分すると

$$\left.\begin{aligned}
E(\theta) &= \int_0^{D/2} \int_0^{2\pi} E_0 e^{jrk\cos\varphi\sin\theta} r\, d\varphi\, dr = \frac{\pi D E_0}{k \sin\theta} J_1\left(\frac{D}{2} k \sin\theta\right) \\
&= \frac{\pi D^2 E_0}{2} \frac{J_1(X)}{X} \\
X &= \frac{D}{2} k \sin\theta = \frac{\pi D \sin\theta}{\lambda} \\
I(\theta) &= \frac{E_0^2}{2\eta} \left\{ \frac{\pi D^2}{2} \frac{J_1(X)}{X} \right\}^2
\end{aligned}\right\} \quad (2.23)$$

ただし，J_n は n 次の第一種ベッセル関数（Bessel function）で，つぎの積分公式を用いている。

$$\frac{1}{2\pi}\int_0^{2\pi} e^{-jx\cos\varphi}\,d\varphi = J_0(x), \quad \int_0^a rJ_0(br)\,dr = \frac{a}{b}J_1(ab) \quad (2.24)$$

式 (2.23) を用いて光強度と角度の関係を表したものが図 **2.14** である．

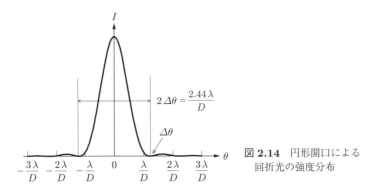

図 **2.14** 円形開口による回折光の強度分布

図 2.11 の単スリットのときと同様に，0 次回折光に大部分の光電力が集中しており，その広がり角度 $\Delta\theta$ は，$J_1(x) = 0$ の一つ目の解の値 ($x \approx 3.83$) から

$$\Delta\theta \approx \frac{1.22\lambda}{D} \quad (2.25)$$

となる．遠方にスクリーンを置いたときの様子を図 **2.15** に模式的に示している．回折パターンは回転対称で，0 次回折光は円盤状となる．この円盤はエアリーディスク（airy disc）と呼ばれており，単スリットのときと同様に回折限界を表している．

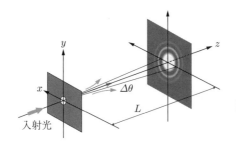

図 **2.15** 円形開口による回折

2.3.3 レンズによる集光

図 2.16 のように,凸レンズを用いて平面波を集光する場合を考えてみよう。光波はレンズ径に相当する円形開口面を通過することになるので,2.3.2 項で述べた円形開口からの回折の影響を受ける。そのため,焦点の位置では,完全な点には集光されず,図 2.14 に示した回折パターンが生じる。したがって,焦点の位置に現れるエアリーディスクが集光スポットになる。

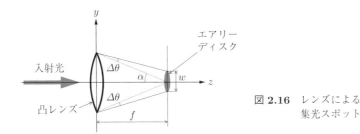

図 2.16 レンズによる集光スポット

直径 D,焦点距離 f のレンズを通過した平面波が,焦点に位置に形成するエアリーディスクの直径 w は,式 (2.25) より,次式で表される。

$$w = 2\Delta\theta f = \frac{2.44\lambda f}{D} \tag{2.26}$$

ところで,レンズには最大の絞り込み角度 α に対応した**開口数**(numerical aperture)NA が次式のように定義されている。

$$NA = n\sin\alpha \approx \frac{nD}{2f} \tag{2.27}$$

ただし,n はレンズの周囲の空間の屈折率である。NA を用いると,w は

$$w \approx \frac{1.22\lambda}{\sin\alpha} = \frac{1.22\lambda_0}{NA} \tag{2.28}$$

と表される。

w はレンズで集光する際の回折限界に基づく最小スポット径であり,これ以上小さな集光スポットは得られない。このことは,逆方向に考えてみると,焦点の位置において w 程度の近い距離にある二つの点は,このレンズを使って観

測すると識別が困難になることを示している．そこで，最小識別距離を最小スポットの半径 $w/2$ として，これをレンズの**分解能**（resolution）δ と定義すると

$$\delta = \frac{w}{2} = \frac{1.22\lambda f}{D} \approx \frac{0.61\lambda_0}{NA} \tag{2.29}$$

と表される．

これはレイリーの分解能とも呼ばれており，回折限界に基づく最小識別距離を表す．このように，レンズの開口数 NA と使用する光波の波長 λ_0 によって，最小スポット径 w や分解能 δ が決まる．

したがって，光学顕微鏡で微小な構造を観測するには対物レンズの径を大きく，焦点距離を短くする必要がある．これに対して，電子顕微鏡においては，電子の波動性を表すド・ブロイ波の波長は，100 V で加速された電子でも 10 nm 程度と，可視光の波長よりもはるかに短いので，きわめて高い解像度が実現できることになる．

演 習 問 題

【1】 空気中から屈折率 1.5 の媒質に強度 $10\,\mathrm{mW/m^2}$ 光波を垂直に入射した際の，反射係数，透過係数，反射光強度，透過光強度をそれぞれ求めよ．

【2】 空気中からある媒質に光波を垂直に入射した際の反射光強度を入射光強度の 1/10 以下にしたい．そのときの媒質の屈折率の範囲を求めよ．

【3】 式 (2.1) の反射係数 r，透過係数 t を，媒質 1, 2 の屈折率 n_1, n_2 の代わりに，媒質 1, 2 の波動インピーダンス η_1, η_2 を用いて表せ．

【4】 図 2.3 において，屈折率の境界面上で，入射波，反射波，透過波の y 方向に見た波長がともに等しいという条件で，スネルの法則を表す式 (2.4) を導出せよ．

【5】 図 2.4 において，スネルの法則と $\theta_1 + \theta_2 = \pi/2$ の関係からブルースター角を表す式 (2.5) を導出せよ．

【6】 空気中から屈折率 2 の媒質との界面におけるブルースター角を求めよ．

【7】 屈折率 2 の媒質中で，真空中の波長が $1\,\mathrm{\mu m}$ の光波を $60°$ で交差させた．このときの干渉じまの間隔を求めよ．

【8】 周波数の異なる 2 光波を図 2.7 のように斜めに交差させた場合，干渉じまはどのように観測されるか考察せよ．

【9】 波長 1 µm の平面波が直径 1 mm の円形開口を通過したあと，10 m 先で観測されるエアリーディスクの直径を求めよ．

【10】 波長 1 µm の平面波を焦点距離 10 mm の凸レンズで集光して，直径 10 µm 以下の集光スポットを作りたい．そのために必要な凸レンズの直径，開口数の範囲を求めよ．

3 光導波

　いままでは，光波を空間伝搬する平面波として考えてきた。しかし，光波を効果的，効率的に利用するためには，散乱しないように閉じ込めて伝送する光導波の技術が必要である。光を導波するための伝送路を**光導波路**（optical waveguide）と呼び，光学素子においては，素子内に光導波路を形成することによって，素子サイズの小型化し，動作の安定化を図っている場合が多い。また，長距離光伝送のための光導波路としては**光ファイバ**（optical fiber）が広く用いられており，超低損失で大容量の情報伝送が可能なため，現在の高度情報化社会において大きな役割を果たしている。本章では，このような光導波の基本的な原理を学んでいく。

3.1　三層スラブ導波路

3.1.1　導波構造と全反射

〔**1**〕**臨界角**　基本的な光導波原理を学ぶために，図 **3.1** に示す三層構造のスラブ導波路（slab waveguide）を考えてみよう。これは，基板，導波層，上

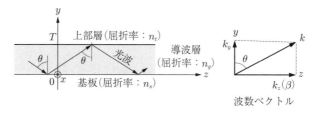

図 **3.1**　導波層内の光波と波数ベクトル

部層の三層の誘電体層からなり，それぞれの屈折率を n_s, n_g, n_t とする．座標軸を図のように取り，y 方向にのみ屈折率が変化し，x, z 方向には一様であるとする．屈折率の大小関係は，$n_g > n_s \geqq n_t$ とし，図のように平面波が導波層の中を上下の屈折率界面に入射角 θ で光波が入射し，反射を繰り返しながら，全体として z 方向に進む．ここでは，θ を伝搬角と呼ぶことにする．

図の構造で光波が中央の導波層内に閉じ込められるためには，上下の屈折率界面で**全反射**（total reflection）する必要がある．基板，および，上部層との界面の臨界角 θ_{cs}, θ_{ct} は，それぞれ

$$\sin\theta_{cs} = \frac{n_s}{n_g}, \quad \sin\theta_{ct} = \frac{n_t}{n_g} \tag{3.1}$$

$n_s \geqq n_t$ より $\theta_{cs} \geqq \theta_{ct}$ であるので，伝搬角 θ が

$$\theta > \theta_{cs} = \sin^{-1}\frac{n_s}{n_g} \tag{3.2}$$

であることが光導波のための必要条件である．

全反射は屈折率差でだけで起こる現象で，反射に起因する電力消費はないので，媒質の誘電損を減らすことで極限まで損失を低減できる利点がある．

〔2〕**グース・ヘンシェンシフト** 図 **3.2** のように屈折率の界面に臨界角以上の角度で入射して全反射する場合，A のように屈折率境界面が反射面になるように思われるが，実際には，反射の際に位相変化が起こる．そのため，図のように境界面で反射波の出てくる位置が入射した位置からずれているように見える．これは**グース・ヘンシェンシフト**（Goos-Hanschen shift）と呼ばれている．

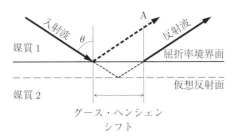

図 **3.2** グース・ヘンシェンシフト

このことは，光波の電磁界分布が導波層の外にわずかにしみ出していることに起因していて，図のように境界面の外側に等価的な反射面が位置すると考えることもできる。グース・ヘンシェンシフトによる位相変化は，後述するように，光導波路内の電磁界分布を求める過程で導出される。

3.1.2 導波条件

導波層内を反射しながら斜めに伝搬する平面波の位相定数を k とすると，z 方向，y 方向の位相定数 k_z, k_y は，図 3.1 からもわかるように

$$\left. \begin{array}{l} k_z = k \sin\theta = k_0 n_g \sin\theta \\ k_y = k \cos\theta = k_0 n_g \cos\theta \end{array} \right\} \tag{3.3}$$

と表される。ここで，光導波路内を位相定数 β の**導波光** (guided wave) が z 方向に伝搬しているものと考えると，$\beta = k_z = k_0 n_g \sin\theta$ である。さらに，$N = n_g \sin\theta$ と置くと，式 (1.17a) より導波光は屈折率が N の自由空間を伝搬する平面波のように考えることができる。N は**実効屈折率** (effective refractive index) と呼ばれており，N を使うと式 (3.3) は次式のように表すことができる。

$$\left. \begin{array}{l} \beta = k_z = k_0 N \\ k_y = \sqrt{k^2 - \beta^2} = k_0 \sqrt{n_g^2 - N^2} \end{array} \right\} \tag{3.4}$$

また，y および z 軸方向に見た波長は式 (1.17b) より

$$\left. \begin{array}{l} \lambda_z = \dfrac{\lambda_0}{n_g \sin\theta} = \dfrac{\lambda_0}{N} \\ \lambda_y = \dfrac{\lambda_0}{n_g \cos\theta} = \dfrac{\lambda_0}{\sqrt{n_g^2 - N^2}} \end{array} \right\} \tag{3.5}$$

となる。さらに，式 (3.2) などを基に，つぎの大小関係が導かれる。

$$n_g > N > n_s \tag{3.6}$$

つぎに，導波光が安定して伝搬するための条件について考えてみよう。**図 3.3** には，グース・ヘンシェンシフトも含めた導波層内での光波の伝搬の様子を示

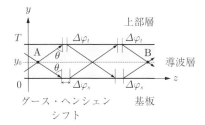

図 3.3 導波層内での反射する光波

す。平面波が斜めに交差するので，この状況では 2.2.1 項で学んだような二光波の干渉が起こる。したがって，式 (2.17) からわかるように，y 方向には波長が $\lambda_y/2$ の定在波が生じることになる。

実際に導波光が伝搬するには，定在波が導波層内の一定の位置に安定して存在する必要がある。そのためには，y 方向の任意の位置 y_0 において，点 A と y 方向に光波が 1 往復したあとの点 B との間で，位相が一致する必要がある。もし，点 A と点 B の間で位相が異なると，往復するたびに異なる位相の波が毎回足し合わされて，干渉により相殺されてしまう。

そこで，図 3.3 のように，導波層と上部層および基板との界面でのグース・ヘンシェンシフトによる光波の位相変化を $\Delta\varphi_t$，$\Delta\varphi_s$ と置くと

$$2k_y T - (\Delta\varphi_t + \Delta\varphi_s) = 2m\pi \tag{3.7}$$

の条件が満たされれば，y 方向に導波層を 1 往復して光波が元の位置に戻ったとき，位相が $2m\pi$ 変化して元に戻り，定在波が一定の位置に存在することができる。ただし，m は 0 以上の整数である。また，$\Delta\varphi_t$，$\Delta\varphi_s$ は導波条件を決める重要な要素であることがわかる。

3.1.3 電磁界分布と固有方程式

〔1〕 **TE 波と TM 波**　光波には直交する二つの偏光方向成分が独立に存在し得ることをすでに学んだ。2.1.2 項の屈折率界面への斜め入射では，入射面を基準に S 波，P 波としてこれらを区別していた。ここでは，図 3.1 に示したように，入射面は紙面と同じ yz 面となるので，S 波は電界が x 方向を向き，P

波では磁界が x 方向を向くことになる。そこで，慣例上，S 波は，電界の方向がつねに伝搬方向を横切るので，**TE 波**（transverse electric wave）と呼び，P 波は逆に **TM 波**（transverse magnetic wave）と呼ばれることが多い。また，伝搬方向に垂直な xy 面内で見ると，TE 波は電界が x 方向（屈折率界面に平行），TM 波は電界が y 方向（屈折率界面に垂直）を向くことになる。

〔**2**〕 **TE 波の電磁界分布と固有方程式** 三層スラブ導波路内の導波光の電界 $\boldsymbol{E}$，磁界 $\boldsymbol{H}$ は，x 方向には一様で，z 方向に位相定数 β で伝搬するものとすると

$$\frac{\partial \boldsymbol{E}}{\partial x} = \frac{\partial \boldsymbol{H}}{\partial x} = 0, \quad \frac{\partial \boldsymbol{E}}{\partial z} = -j\beta \boldsymbol{E}, \quad \frac{\partial \boldsymbol{H}}{\partial z} = -j\beta \boldsymbol{H} \tag{3.8}$$

の関係式が成立する。これらの式をマクスウェルの方程式 (1.9a) に代入すると，各座標軸方向の成分からつぎの三つの方程式が得られる。

$$j\beta E_x = j\omega\mu H_y \tag{3.9a}$$

$$j\beta E_y + \frac{\partial E_z}{\partial y} = -j\omega\mu H_x \tag{3.9b}$$

$$\frac{\partial E_x}{\partial y} = j\omega\mu H_z \tag{3.9c}$$

同様に，式 (1.9b) に代入すると

$$-j\beta H_x = j\omega\varepsilon E_y \tag{3.9d}$$

$$j\beta H_y + \frac{\partial H_z}{\partial y} = j\omega\varepsilon E_x \tag{3.9e}$$

$$-\frac{\partial H_x}{\partial y} = j\omega\varepsilon E_z \tag{3.9f}$$

の三つの方程式が導かれる。

これらの式を基に，まず，TE 波の電界分布について考えてみよう。TE 波の電界は x 成分のみであるので，式 (3.9a)，式 (3.9c)，式 (3.9e) より，H_y，H_z を消去して E_x に関する方程式を求めると，次式のようになる。

$$\frac{\partial^2 E_x}{\partial y^2} = (\beta^2 - \omega^2 \varepsilon\mu) E_x \tag{3.10}$$

さらに，N と各層の屈折率を n_i $(i = t, s, g)$ を用いて表すと

$$\frac{\partial^2 E_x}{\partial y^2} = k_0^2 (N^2 - n_i^2) E_x \tag{3.11}$$

となる。この式は一次元のヘルムホルツの波動方程式で，右辺の係数 $k_0^2(N^2 - n_i^2)$ の符号によって，E_x は y の三角関数または指数関数となる。ここで，E_x を，定数 E_0，y の関数 $f(y)$，t と z の関数 $e^{j(\omega t - \beta z)}$ との積として

$$E_x = E_0 f(y) e^{j(\omega t - \beta z)} \tag{3.12}$$

と置くと，式 (3.11) の E_x を $f(y)$ に置き換えて $f(y)$ について解けばよい。N と各層の屈折率との大小関係の式 (3.6) より，$f(y)$ は導波層内では三角関数，基板と上部層では指数関数となることがわかる。

そこで，境界面 $y = 0$ および $y = T$ での E_x の連続性と，上部層および基板では十分遠方で E_x が 0 となる条件を考慮すると，$f(y)$ は

$$f(y) = \begin{cases} \cos(k_y T + \varphi) e^{-\alpha_t (y - T)} & (T \le y) \\ \cos(k_y y + \varphi) & (0 \le y < T) \\ e^{\alpha_s y} \cos \varphi & (y < 0) \end{cases} \tag{3.13}$$

と表すことができる。ただし，φ は境界条件で決まる定数で

$$\alpha_t = k_0 \sqrt{N^2 - n_t^2}, \quad k_y = k_0 \sqrt{n_g^2 - N^2}, \quad \alpha_s = k_0 \sqrt{N^2 - n_s^2} \tag{3.14}$$

である。

つぎに，境界面での磁界の接線成分 H_z の連続性を検討しよう。各層で透磁率 μ は一定なので，式 (3.9c) に注目すると，$y = 0$ および $y = T$ の界面で $\partial E_x / \partial y$ が等しいとすれば H_z の連続性が成立する。したがって，式 (3.12)，式 (3.13) より，つぎの二つの式が得られる。

$$\tan \varphi = -\frac{\alpha_s}{k_y}, \quad \tan(k_y T + \varphi) = \frac{\alpha_t}{k_y} \tag{3.15}$$

3. 光導波

tan の周期性より整数 m $(m = 0, 1, 2, 3, \cdots)$ を用いてこの二つの式から φ を消去するとつぎの方程式が得られる．

$$k_y T - \left(\tan^{-1}\frac{\alpha_s}{k_y} + \tan^{-1}\frac{\alpha_t}{k_y}\right) = m\pi \tag{3.16}$$

この式は，導波層内で定在波が安定に存在する条件として導いた式 (3.7) と同様の形の方程式であることがわかる．式 (3.14) を式 (3.16) に代入することで，N を求める方程式がつぎのように得られる．

$$2\pi\frac{T}{\lambda_0}\sqrt{n_g^2 - N^2} = \tan^{-1}\sqrt{\frac{N^2 - n_t^2}{n_g^2 - N^2}} + \tan^{-1}\sqrt{\frac{N^2 - n_s^2}{n_g^2 - N^2}} + m\pi \tag{3.17}$$

これは**固有方程式**（characteristic equation）または分散方程式と呼ばれ，光導波路の構造と光波の波長から実効屈折率 N を求めるための重要な方程式である．式 (3.17) より N が決まれば，式 (3.12)～式 (3.15) より E_x が求まり，また，式 (3.9) から，残る H_y, H_z も求まり，すべての電磁界が算出できる．

図 **3.4** に $f(y)$ の分布の計算例を示す．導波路内では三角関数となり，y 方向に定在波が生じていることがわかる．また，各整数 m に対してそれぞれ異なる電界分布が決まり，m の値は電界が 0 となる点の数に対応していることがわかる．

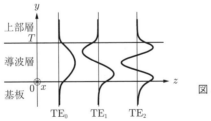

図 **3.4** 各モードの電界分布

また，基板，上部層内では電界は指数関数的に減衰し，α_t, α_s はその減衰定数である．減衰定数の逆数，$1/\alpha_s$, $1/\alpha_t$ は電界振幅が $1/e$ に減衰するまでの距離を表すので，電界の導波層の外へのしみ出す距離の目安となる．このよう

に導波層の外にしみ出す電磁界は**エバネッセント波**（evanescent wave）と呼ばれている．エバネッセント波の影響で，2本の光導波路を近づけると伝搬波に結合が起こったり，光導波路を曲げると損失が生じたりすることになる．

式 (3.7) と式 (3.16) を比較することで，屈折率の境界面でのグース・ヘンシェンシフトに伴う位相変化 $\Delta\varphi_s$，$\Delta\varphi_t$ は

$$\Delta\varphi_s = 2\tan^{-1}\frac{\alpha_s}{k_y}, \quad \Delta\varphi_t = 2\tan^{-1}\frac{\alpha_t}{k_y} \tag{3.18}$$

と求められる．

〔3〕 **TM波の電磁界分布と固有方程式**　TM 波についても同様に電磁界分布と固有方程式が求められる．TM 波では，磁界が x 成分のみとなるので，式 (3.9b)，式 (3.9d)，式 (3.9f) より，E_y，E_z を消去すると，式 (3.10) と同じ形の H_x に関する一次元のヘルムホルツの波動方程式が得られる．これを基に，TE 波と同様の手続きで電磁界分布，および，固有方程式を導くことができる．TM 波では，境界面での電界の接線成分 E_z の連続性は，式 (3.9f) より $(1/n_i^2)\partial H_x/\partial y$ が等しいとしなければならない．詳細は省略するが，定在波が安定に存在する条件式，および，グース・ヘンシェンシフトによる位相変化は

$$k_y T - \left(\tan^{-1}\frac{n_g^2}{n_s^2}\frac{\alpha_s}{k_y} + \tan^{-1}\frac{n_g^2}{n_t^2}\frac{\alpha_t}{k_y}\right) = m\pi \tag{3.19}$$

$$\Delta\varphi_s = 2\tan^{-1}\frac{n_g^2}{n_s^2}\frac{\alpha_s}{k_y}, \quad \Delta\varphi_t = 2\tan^{-1}\frac{n_g^2}{n_t^2}\frac{\alpha_t}{k_y} \tag{3.20}$$

となる．また，式 (3.14) と式 (3.19) より，つぎの固有方程式が得られる．

$$2\pi\frac{T}{\lambda_0}\sqrt{n_g^2 - N^2} = \tan^{-1}\left(\frac{n_g^2}{n_s^2}\sqrt{\frac{N^2 - n_s^2}{n_g^2 - N^2}}\right)$$
$$+ \tan^{-1}\left(\frac{n_g^2}{n_t^2}\sqrt{\frac{N^2 - n_t^2}{n_g^2 - N^2}}\right) + m\pi \tag{3.21}$$

3.1.4　導波モードとカットオフ

〔1〕 **導波モード**　式 (3.17) と式 (3.21) を用い，T/λ_0 を規格化膜厚とし

て横軸に取り，実効屈折率 N を縦軸にとって描いたグラフの一例を図 **3.5** に示す。屈折率は $n_g = 1.5$, $n_s = 1.4$, $n_t = 1$ とした。TE, TM 波それぞれにおいて，整数 m によって複数の N の値が決まり，それらが曲線を描いている。このように，ある決まった実効屈折率 N と電磁界分布を維持して伝搬する伝搬波や，そのような状態のことを**モード**（mode）と呼ぶ。複数あるモードを区別するために TE_m モード，TM_m モードと表し，そのときの整数 m はモード次数と呼ばれる。

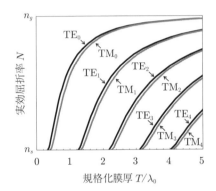

図 3.5 規格化膜厚と実効屈折率の関係

　光導波の原理からわかるように，伝搬波は，斜めに走る平面波から構成されるので，電界，磁界の少なくともどちらかは必ず z 方向成分を有することになる。したがって，同軸線路などで存在する TEM 波（電界，磁界ともに伝搬方向成分を持たない）は，光導波路では存在しない。

〔2〕 **カットオフ**　図 3.5 において，実効屈折率 N は $n_s < N < n_g$ の範囲で変化し，規格化膜厚 T/λ_0 が減少するとともに N も減少し，あるところで $N = n_s$ となって，それ以降はモードは存在しえない，つまり，伝搬できないことを表している。これは光導波路の特徴的な現象で，**カットオフ**（cutoff）あるいは遮断と呼ばれていて，各モードにおいて伝搬できる最小の T/λ_0 が存在する。したがって，光波の波長 λ_0 が決まると伝搬可能な最小の導波層厚さが決まり，同様に，導波層厚さを固定すると伝搬可能な最大波長（カットオフ波長）が決まる。さらに，カットオフとなる境界では必ず，$N = n_s$ となること

は，カットオフになるのかどうかを判別するのに非常に重要である．

つぎに，カットオフの境界付近ではどのようなことが起こっているかを考えてみよう．$N = n_g \sin\theta$ より，$N \to n_s$ では

$$\theta \to \sin^{-1}\frac{n_s}{n_g} = \theta_{cs} \tag{3.22}$$

となり，伝搬角が臨界角に達することがわかる．また，式 (3.14) において，$N \to n_s$ とすれば，エバネッセント波の浸み出し距離 $1/\alpha_s \to \infty$ となる．実際に，そのときの E_x の分布を図 **3.6** に示す．①から③になるに従って，カットオフに近づいており，カットオフの近傍では，導波層の外への電界の浸み出し量が急激に増えていることがわかる．カットオフの境界を超えると伝搬角が臨界角を下回り，光波が導波層から基板に屈折して放射されることになる．

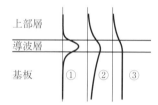

図 **3.6** カットオフの近傍での電界分布

カットオフを y 方向の定在波の視点から考えると，導波層の厚さ T が小さくなるとそれに合わせて定在波の波長 $\lambda_y/2$ が短くなる必要があるが，そのためには，式 (2.17) から斜めに交差する二つの波の交差角度 $\pi/2 - \theta$ を大きくしなければならない．しかし，これは伝搬角 θ を小さくすることに対応するので，ある点で θ が臨界角を下まわり，カットオフとなると考えることもできる．

〔**3**〕**基本モードと高次モード**　カットオフとなる波長が最も長いモードを**基本モード**（fundamental mode）と呼び，それ以外の伝搬モードは**高次モード**（higher order mode）と呼ばれる．想定する波長において，基本モードのみが伝搬可能で高次モードがカットオフとなる光導波路を**単一モード光導波路**（single-mode waveguide），基本モードを含めて複数のモードが伝搬可能な光導波路を**多モード光導波路**（multi-mode waveguide）と呼ぶ．

TE 波での伝搬を仮定した場合，TE_0 モードが基本モードである．各モード

の伝搬速度は N によって，次式のように表され

$$v = \frac{\omega}{\beta} = \frac{c}{N} \tag{3.23}$$

各モードは N の値に応じて異なる伝搬速度を持つことになる。したがって，光導波路中を複数のモードが同時に伝搬すると，それぞれの速度が異なるために出力側で干渉し，伝送する波形が乱れるなどの問題を起こす。これは**モード分散**（mode dispersion）と呼ばれている。したがって，通常は，モード分散を防ぐため単一モード光導波路を使って基本モードのみが伝搬可能な状態で伝送を行う，いわゆる，**単一モード伝送**（single-mode propagation）を行う。

3.2　チャネル光導波路

三層スラブ導波路において，y 方向だけでなく x 方向（横方向）にも屈折率変化を設けて光波を閉じ込めるものは，**チャネル光導波路**（channel optical waveguide）と呼ばれている。**図 3.7** は，チャネル光導波路の基本構成である。縦方向だけでなく，横方向にも屈折率の境界面をつくり，光波を閉じ込めて所望の場所に光波を伝送する。

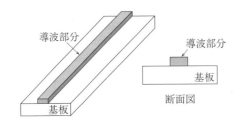

図 3.7　チャネル光導波路の基本構成

図 3.8 は，三層スラブ導波路の導波部分の厚さを横方向に変化させて，導波路部分以外の部分では導波光がカットオフとなる厚さに設定することで，光波

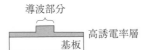

図 3.8　カットオフによる横方向の閉じ込め

を横方向にも閉じ込める．これらの光導波路はその形状から**リッジ型光導波路**（ridge optical waveguide）と呼ばれており，微細加工が容易にできるシリコンや酸化シリコンを使った光導波路によく利用されている．

図 **3.9** は埋込形光導波路で，**電気光学材料**（electrooptic material）である**ニオブ酸リチウム**（Lithium Niobate）を使った光変調器などで利用されている．ニオブ酸リチウムは金属のチタンの熱拡散によって屈折率の高い部分を基板表面に比較的簡単に形成でき，損失の少ない光導波路を作製できる．

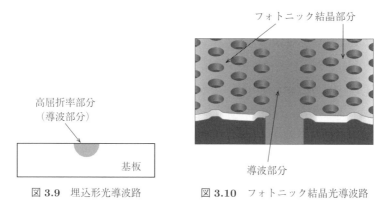

図 **3.9** 埋込形光導波路　　図 **3.10** フォトニック結晶光導波路

さらに，図 **3.10** はフォトニック結晶光導波路と呼ばれる構造である．薄板に周期的な穴が開けられた部分は**フォトニック結晶**（photonic crystal）と呼ばれ，ある波長の光波をまったく通さない性質があり，それを利用して横方向に光を閉じ込めて伝搬させる．研究段階ではあるが，この構造を使って直角に曲げた光導波路や，超小形の光共振器などが実現されている．

3.3　光ファイバ

3.3.1　光ファイバの種類

光ファイバは長距離の光伝送のために開発された光導波路で，現代の情報化社会を支えているといっても過言ではない．一般的な光ファイバは，図 **3.11** のようにチャネル光導波路を円筒形状にしたような構造で，内側に高屈折率のコ

46　3. 光　　導　　波

図 3.11　光ファイバ

ア部分があり，その周囲を低屈折率のクラッドが囲んでいる回転対称構造である。導波原理は三層スラブ導波路と同様に屈折率境界面での全反射を利用して光波を閉じ込める。

おもな光ファイバの断面構造を**図 3.12** に示す。図 (a) に示すように屈折率が階段状に変化するものをステップインデックス形と呼び，この中には，コア径を小さくし，単一モード伝送を前提に作られた**単一モード光ファイバ** (single-mode optical fiber) と，コア径を大きくして複数のモードを用いる**多モード光ファイバ** (multi-mode optical fiber) がある。単一モード光ファイバはモード分散の問題がなく，また，後述するように，ある特定の波長帯では非常に低損失であるので，長距離で大容量の情報伝送で主として利用されている。多モード光ファイバはコア径が大きく，光波の入出力は容易であるので，短距離の加入者系の光伝送に有利である。

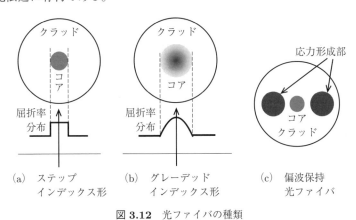

図 3.12　光ファイバの種類

図 (b) に示すグレーデッドインデックス形はコアとクラッド間の屈折率変化を連続的にしたもので，多モード光ファイバにおいて問題となるモード間の伝搬速度のばらつきをなくし，モード分散の影響を抑える構造である。

また，図 (c) に示す**偏波保持光ファイバ**（polarization maintaining optical fiber）は，断面内の直交する 2 方向の偏光の伝搬速度に差ができるように特殊な構造が用いられている。そのため，2 方向の偏光はたがいに混じり合う（結合する）ことなく，偏光方向を維持して伝搬させることができる。偏光方向の制御が必要な光学素子への入出力などに利用される。

光ファイバの材料については，波長が 1.3〜1.6 μm 程度の通信波長帯向けの単一モード光ファイバや偏波保持光ファイバでは，おもに石英が用いられ，コアの領域には Ge などの元素をドープしてわずかに屈折率を上昇させている。コア径は数 μm 程度である。多モード光ファイバには，石英のほかに安価なプラスチックも用いられている。コア径は数十 μm 程度と波長に比べてかなり大きい。

3.3.2 光波の入力

つぎに，光ファイバへの光波の入力を考える。**図 3.13** に示すように，光波が光ファイバの端面から入射角 θ_i でコア内に入るとすると，コアとクラッドの境界面への入射角に相当する伝搬角 θ が臨界角 θ_c 以上になることが必要条件である。したがって，スネルの法則より次式となる。

$$n_0 \sin \theta_i = n_1 \sin \left(\frac{\pi}{2} - \theta \right) = n_1 \cos \theta < n_1 \cos \theta_c \tag{3.24}$$

ただし，n_0, n_1, n_2 はそれぞれ外部の空間，コア，クラッドの屈折率で，臨界角 $\theta_c = \sin^{-1} n_2/n_1$ である。したがって，θ_i には最大角 $\theta_{\max}$ が存在し，それよりも大きな θ_i では光波がファイバの外に散乱され導波光にはならない。

集光レンズを用いて光ファイバに光波を入力する場合を考えると，この $\theta_{\max}$

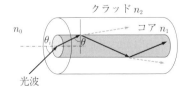

図 3.13　光ファイバへの光波の入力

は使用する凸レンズの最大絞り込み角度 α に相当する．そこで，式 (2.27) と同様に光ファイバの開口数 NA を以下のように定義する．

$$NA = n_0 \sin\theta_{\max} = n_1 \cos\theta_c \tag{3.25}$$

この NA を用いれば入射角 θ_i の条件は

$$n_0 \sin\theta_i < NA \tag{3.26}$$

となる．また，この NA は入力に使用するレンズの NA の目安ともなる．

3.3.3 電磁界分布

つぎに，実際に光ファイバ内を伝搬する伝搬波の電磁界分布を，ステップインデックス形光ファイバにおいて考えてみよう．ただし，実際の解析は非常に複雑で本書の範囲を超えているため，詳細な説明は省略している．

図 3.14 のような円柱座標系 (r, θ, z) を用い，コア，クラッドの屈折率をそれぞれ，n_1, n_2 とし，実効屈折率 N を使って $+z$ 方向の位相定数を $\beta = N k_0$ と置くと，マクスウェルの方程式から E_z, H_z に関して，次式が導かれる．

$$\left. \begin{array}{l} \dfrac{\partial^2 E_z}{\partial r^2} + \dfrac{1}{r}\dfrac{\partial E_z}{\partial r} + \dfrac{1}{r^2}\dfrac{\partial^2 E_z}{\partial \theta^2} = k_0^2 (N^2 - n_i^2) E_z \\[6pt] \dfrac{\partial^2 H_z}{\partial r^2} + \dfrac{1}{r}\dfrac{\partial H_z}{\partial r} + \dfrac{1}{r^2}\dfrac{\partial^2 H_z}{\partial \theta^2} = k_0^2 (N^2 - n_i^2) H_z \end{array} \right\} \tag{3.27}$$

ただし，n_i $(i = 1, 2)$ は屈折率である．

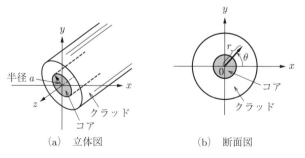

(a) 立体図　　　　(b) 断面図

図 3.14　光ファイバの構造

式 (3.27) は円柱座標系でのヘルムホルツの波動方程式で，その解はベッセル関数を用いて表すことができる。スラブ導波路のときと同じように，$r \to \infty$ では電磁界が 0 となり，屈折率の境界面 ($r = a$) で電磁界が連続であるという境界条件では，次式が解となる。

$$\begin{cases} E_z = A_\nu J_\nu(k_1 r) \cos(\nu\theta) \\ H_z = B_\nu J_\nu(k_1 r) \sin(\nu\theta) \end{cases} \; : \; \text{コア内}\,(0 \leq r < a) \qquad (3.28)$$

$$\begin{cases} E_z = C_\nu K_\nu(\alpha_2 r) \cos(\nu\theta) \\ H_z = D_\nu K_\nu(\alpha_2 r) \sin(\nu\theta) \end{cases} \; : \; \text{クラッド内}\,(a \leqq r) \qquad (3.29)$$

ただし，$k_1 = k_0\sqrt{n_1^2 - N^2}$, $\alpha_2 = k_0\sqrt{N^2 - n_2^2}$ である。ここで，$\nu = 0, 1, 2, 3, \cdots$ は θ 方向の電磁界変化に伴うモード次数で，$\nu = 0$ では電磁界は回転対称となる。A_ν, B_ν, C_ν, D_ν は境界条件で決まる定数である。$J_n(x)$ は n 次第一種ベッセル関数で三角関数に似た周期的な変化をし，$K_n(x)$ は n 次第二種変形ベッセル関数で指数関数に近い変化をする。また，回転対称構造のため，θ に任意の定数 (θ_0) を加えた場合でも ($\theta \to \theta + \theta_0$)，同様に解である。

屈折率の境界面での電界と磁界の接線成分の連続性と，遠方 ($r \to \infty$) で電磁界が 0 となる境界条件によって，固有方程式とほかの方向の電磁界成分も導出することができる。また，r 方向の電磁界変化に伴うモード次数 $m = 1, 2, 3, \cdots$ が存在し，光ファイバ中の伝搬モードのモード次数は ν と m の二つの整数から構成されている。

3.3.4 伝搬モード

三層スラブ導波路と同様に，$E_z = 0$ となる TE$_{\nu m}$ モード，および，$H_z = 0$ となる TM$_{\nu m}$ モードが存在する。$\nu = 0$ において，モード次数 m の最も小さい TE$_{01}$, TM$_{01}$ モードの電界分布を図 **3.15** に模式的に示す。これらのモードは電磁界が回転対称となり，電界の方向が断面内で一定しないので，外部から選択的に励振することは困難である。

$\nu \neq 0$ のときは，純粋な TE, TM モードは存在せず，E_z, H_z の成分を両方

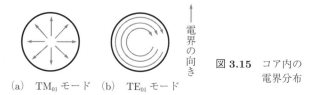

図 3.15 コア内の電界分布

とも有する**ハイブリッドモード**（hybrid mode）となる。これらは，H_z の寄与が大きい $\mathrm{HE}_{\nu m}$ モードと，E_z の寄与が大きい $\mathrm{EH}_{\nu m}$ モードに分けられるが，そのなかでも HE_{11} モードは理論的にカットオフにならないためつねに伝搬可能であり，光ファイバにおける基本モードである。

さらに，このモードの電界は，図 3.16(a) のように一定の方向を向いているため，直線偏光を光ファイバ端面に照射することで容易に励振し，伝搬させることができる。図 (b) は HE_{11} モードの電磁界強度分布の一例である。強度は回転対称の分布となっており，コアの中心が最大強度となり，クラッドに浸み出したエバネッセント波を伴っていることがわかる。

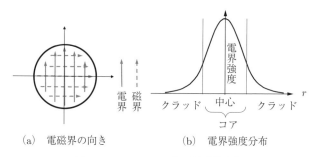

図 3.16 HE_{11} モードの電磁界分布

3.3.5 単一モード伝送

基本モードである HE_{11} モード以外で，カットオフ波長が最も長いのは TM_{01} モードである。そのため，光ファイバを単一モード伝送させるためには，TM_{01} モードがカットオフとなる必要がある。詳細は省略するが，ステップインデックス形光ファイバの TM_{0m} モードの固有方程式は

$$J_0(k_1 a) = 0 \tag{3.30}$$

で表される.この方程式は複数の解を持つが,その一つ目の解が TM_{01} モードに対応し,$k_1 a \approx 2.41$ である.TM_{01} モードがカットオフとなる条件は,3.1.3項でのスラブ導波路のカットオフ条件にならって,実効屈折率がクラッドの屈折率に等しい ($N = n_2$) としたときに

$$k_1 a < 2.41 \tag{3.31}$$

となることである.上式を満足する波長の光波を用いれば,モード分散がない単一モード伝送が可能となる.単一モード光ファイバにおいては,カットオフといえば TM_{01} モードのカットオフ条件を指すので注意する必要がある.

3.3.6 LP モード

直線偏光のレーザ光を多モード光ファイバに入力した場合に,どのようなモードが励振されるか考えてみよう.まず,HE_{11} モードは電界が一方向を向いているのでたやすく励振される.それ以外にも光ファイバには非常に多くの高次モードが伝搬モードとして存在する.そのため,「位相定数が近接した複数のモードの電界分布を重ね合わせると一方向を向く」ようなモードの組合せがあれば,それらモードがひとまとめに励振されて伝搬することになる.

そこで,そのような複数のモードを,まとめて一つのモードとして考えたほうが実用上は非常に便利である.これを**直線偏光モード**(**LP モード**:linear polarization mode)と呼ぶ.モード次数を含めて $LP_{\nu m}$ ($\nu = 0, 1, 2, \cdots$, $m = 1, 2, 3, \cdots$) と表し,LP_{01} モードは基本モードの HE_{11} モードとまったく同じもので,LP_{1m} モードは TE_{0m},TM_{0m},HE_{2m} モードを足し合わせたものである.

多モードファイバを利用し,複数の LP モードを使って信号を伝送するモード分割多重伝送技術が実際に検討されており,光ファイバの伝送容量をさらに向上させる手段とされている.

演 習 問 題

【1】 図 3.1 において，$n_g = 1.5$，$n_s = 1.4$，$n_t = 1$ の三層スラブ導波路において，光波が導波層内に閉じ込められて伝搬するための伝搬角の範囲を求めよ。

【2】 式 (3.2) より，実効屈折率 N の範囲を表す式 (3.6) を導け。

【3】 マクスウェルの方程式 (1.8) と式 (3.8) から，式 (3.9) を導け。

【4】 式 (3.13) を式 (3.12) に代入した式が，式 (3.11) の解であることを証明せよ。

【5】 $n_t = 1$，$n_g = \sqrt{5}$，$n_s = \sqrt{2}$，$T = 0.5\,\mu\mathrm{m}$ の場合について，真空中の光波の速度を $3 \times 10^8\,\mathrm{m/s}$ として，以下の問に答えよ。

(1) 伝搬角 $\theta = 60°$ で伝搬する伝搬波の伝搬速度を求めよ。

(2) TE_0 モードが伝搬とカットオフの境界となるときの λ_0 を求めよ。

(3) この導波路に TE モードを伝搬させる際の単一モード伝搬できる波長範囲を求めよ。

【6】 式 (3.15) を導け。

【7】 光波の波長 $\lambda_0 = 1\,\mu\mathrm{m}$，コアおよびクラッドの屈折率をそれぞれ 1.51 および 1.5 として，単一モード伝送となるコア半径 a の範囲を求めよ。また，この光ファイバの開口数を求めよ。

4 受動素子

いままで学んだ光波の特性を利用して，さまざまな有用な機能を有する光学素子が考えられている。本章では，発光や増幅などの能動的な機能を含まない，受動的な動作をする光学素子について考えていく。

4.1 干 渉 計

干渉の節で述べたように，光波を重ね合わせると干渉を起こし，位相差に基づいて光強度が変化する。この効果を積極的に利用したものが**干渉計**（interferometer）である。一つの入力光を分割し，それぞれを異なる光路を伝搬させ，合波干渉させるのが基本構成となっている。

4.1.1 マッハ・ツェンダー干渉計

マッハ・ツェンダー干渉計（Mach-Zehnder interferometer）は最も基本的な干渉法の一つで，図4.1のように，入射光を二分割し，二つの光路1, 2を通

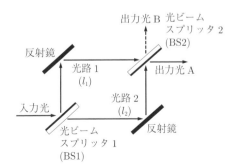

図 4.1 マッハ・ツェンダー干渉計

過したあとに合波し，干渉させる．個別光学部品と空間光ビームで構成する場合は，入射光を一つ目の光ビームスプリッタ（BS1）で分割し，反射鏡で角度を調節して，再度，二つ目の光ビームスプリッタ（BS2）で合波する．二つの光路での位相変化の差，あるいは，光路長の差を干渉により，強度変化に変換する機能がある．

ここで，入射光の電界の振幅を E_{in}，光路 1, 2 での光波の伝搬に基づく位相変化量をそれぞれ φ_1, φ_2 とする．BS1 で二分割された光波は，別々の光路を通って BS2 で合波され，二つの出力光 A, B が得られる．BS2 で合波されるときに，二光波間の位相差によって干渉を起こす．ここでの干渉では，光ビームの広がりは無視し，二つの純粋な波の重ね合わせとして考える．

光ビームスプリッタは，通常は透明板表面に半透明の薄い金属膜を形成したもので，入射角 45° で入射する光波を，反射波と透過波に等分配する機能がある．図のような向きに光ビームスプリッタを置いた場合，出力光 A には，光ビームスプリッタの透過と金属膜のあるほうの面での反射とを 1 回ずつ経験した二光波が足し合わされている．いま，光ビームスプリッタによって生じる位相変化量を φ_{BS} とすると，出力光 A の電界 E_A は

$$\begin{aligned} E_A &= E_{in} \frac{e^{-j\varphi_1} + e^{-j\varphi_2}}{2} e^{j\varphi_{BS}} e^{j\omega t} \\ &= E_{in} \cos\left(\frac{\varphi_1 - \varphi_2}{2}\right) e^{j\left(\omega t - \frac{\varphi_1+\varphi_2}{2} + \varphi_{BS}\right)} \end{aligned} \quad (4.1)$$

ここで，二光波間の位相差を $\Delta\varphi = \varphi_1 - \varphi_2$ と置くと，入力光に対する出力光 A の電力透過率は

$$T_A = \left|\frac{E_A}{E_{in}}\right|^2 = \cos^2 \frac{\Delta\varphi}{2} = \frac{1 + \cos \Delta\varphi}{2} \quad (4.2)$$

で与えられ，位相差 $\Delta\varphi$ だけに依存することがわかる．また，$\Delta\varphi = 2m\pi$（m は整数）のとき，つまり，二光波が同相のときに出力光 A は最大となるので，二光波の同相成分が足し合わされて出力されることになる．

一方，出力光 B は二光波の逆相成分が足し合わされることになるので，電界 E_B は

$$E_B = E_{in}\frac{e^{-j\varphi_1} - e^{-j\varphi_2}}{2}e^{j\varphi_{BS}}e^{j\omega t}$$
$$= E_{in}\sin\left(\frac{\varphi_1 - \varphi_2}{2}\right)e^{j\left(\omega t - \frac{\varphi_1+\varphi_2}{2} + \varphi_{BS}\right)} \quad (4.3)$$

と表すことができる．同様に，出力光 B の電力透過率 T_B は

$$T_B = \left|\frac{E_B}{E_{in}}\right|^2 = \sin^2\frac{\Delta\varphi}{2} = \frac{1-\cos\Delta\varphi}{2} = 1 - T_A \quad (4.4)$$

となり，出力光 A，B はたがいに補完する出力となることがわかる．図 4.2 には，位相差 $\Delta\varphi$ に対する光電力透過率の変化を示す．位相差 $\Delta\varphi$ を干渉により光強度変化に変換されることがわかる．

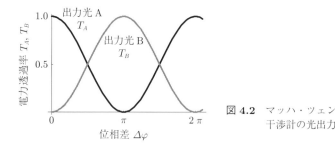

図 4.2 マッハ・ツェンダー干渉計の光出力

光路 1，2 はともに屈折率 n の媒質中にあるとしたとき，物理的な光路差 Δl を使って $\Delta\varphi$ を表すと

$$\Delta\varphi = \frac{2\pi n}{\lambda_0}\Delta l \quad (4.5)$$

である．したがって，光路差 Δl の変化や屈折率変化，あるいは，波長変化などを出力光強度変化に変換できることがわかる．

マッハ・ツェンダー干渉計は，図 4.3 に示すように，単一モードのチャネル光導波路を使って構成することもできる．この場合，光波の分配，合波には光ビームスプリッタの代わりに分岐光導波路が用いられる．分岐光導波路では，図 4.4 のように部分的に導波路幅が広がった多モード導波部分がある．ここで，

図 4.3 光導波路形マッハ・ツェンダー干渉計

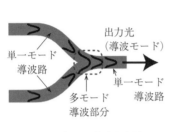
(a) 同相の二光波が合波する場合

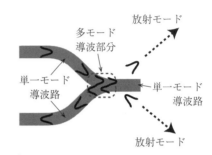
(b) 逆相の二光波が合波する場合

図 4.4 分岐光導波路による合波

同相の二光波が合波する場合は，図 (a) のように多モード導波部で基本モードが生じ，出力側の単一モード導波路から出力光として出力される。

一方で，図 (b) のように逆相の二光波が合波する場合は，多モード導波部分で高次のモードが生じるため，出力側の単一モード導波路では導波できず，光導波路外に放射されてしまう。したがって，光導波路形マッハ・ツェンダー干渉計の出力は図 4.3 での出力 A に対応し，電力透過率は式 (4.2) で表されることになる。光導波路形干渉計は非常に小形で，振動や温度変化などに対して動作がきわめて安定であるので，後述する電気光学光変調器などで用いられている。

4.1.2 マイケルソン干渉計

マイケルソン干渉計 (Michelson interferometer) は最も初期に発明された干渉法である。図 4.5 に示すように，入力波を光ビームスプリッタ (BS) で二分割し，それぞれ反射鏡 1, 2 で反射されて再び BS に戻ってくる。これらが，合波，干渉し，二光波間の位相差に応じて出力光強度が変化する。マッハ・ツェ

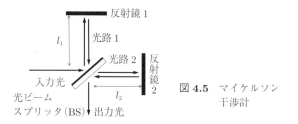

図 4.5 マイケルソン干渉計

ンダー干渉計を途中で折り返したような構成でもある。

BS に戻ってきた二光波の同相成分は入力光と同じ経路に戻り，逆相成分が出力されることになる。したがって，二つの光路 1，2 を往復する間の位相変化量を φ_1，φ_2 とすると，出力光は式 (4.3) に示すマッハ・ツェンダー干渉計での出力 B に対応し，電力透過率は式 (4.4) で表される。ただし，光路を往復で使うので，光路差 $\Delta l = l_1 - l_2$ と $\Delta\varphi$ の関係は次式のようになる。

$$\Delta\varphi = \frac{4\pi n}{\lambda_0}\Delta l \tag{4.6}$$

10.2 節で詳しく述べるが，マイケルソン干渉計は，反射鏡の一方を参照用として固定し，もう一方の反射鏡の変位を光波の波長程度，あるいは，それ以下の高精度で検出する変位計測にも利用されている。

4.2 偏 光 制 御

光波の偏光については 1.3 節で詳しく述べたが，光変調器などの多くの素子にとって，動作を考えるうえで光波の偏光は非常に重要である。偏光状態は特殊な光学媒質を用いることで，比較的容易に変化させることができる。そこで，本節では光波の偏光状態を制御するための光学素子について考えていく。

4.2.1 偏 光 子

偏光子（polarizer）はある方向の偏光成分のみを透過させる光学素子で，検光子と呼ばれることもある。ヨウ素化合物をフィルム状の有機高分子材料内に

拡散させたものがよく用いられており，特に近年，液晶ディスプレイなど身近なところでも利用されている。

図 4.6 のように，x 方向の偏光を通す偏光子に，角度 θ の方向の直線偏光（電界の振幅 E_{in}）を入力すると，入力光の電界の x 方向成分 $E_{in}\cos\theta$ が出力されることになる。偏光子の光電力透過率は

$$T = \frac{|E_{out}|^2}{|E_{in}|^2} = \cos^2\theta = \frac{1+\cos 2\theta}{2} \tag{4.7}$$

となり，入力光の偏光方向に依存する。この性質を使って光強度を調整する用途にも利用できる。

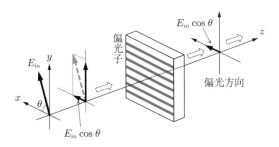

図 4.6 偏光子の動作

4.2.2 波　長　板

〔1〕 光学異方性媒質　　光学異方性媒質 (optical anisotropic medium) は，電界の方向によって屈折率が異なる特性をもつ。ここでは，光学異方性媒質を使った偏光制御について考える。通常の等方性媒質内では，電界ベクトル $\boldsymbol{E}$ に対して，分極ベクトル $\boldsymbol{P}$ は同じ方向を向くので，図 4.7(a) のように，電束密度ベクトル $\boldsymbol{D}$ も同じ方向となり，$\boldsymbol{D} = \boldsymbol{P} + \varepsilon_0 \boldsymbol{E} = \varepsilon \boldsymbol{E}$ の誘電率 ε はスカラー量で表現できる。しかし，異方性媒質では，結晶内の電荷の偏りなどによって $\boldsymbol{P}$ が $\boldsymbol{E}$ とは異なる方向を向くことがあり，そのときには図 (b) のように $\boldsymbol{D}$ と $\boldsymbol{E}$ とは方向が異なる。ε はベクトルの方向を変える必要があるため 3 階のテンソルと呼ばれる 3×3 の行列で表現されることになる。

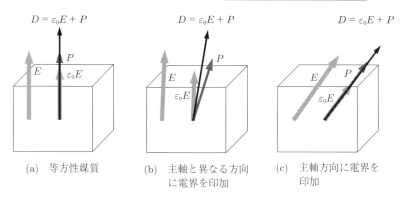

(a) 等方性媒質　　(b) 主軸と異なる方向に電界を印加　　(c) 主軸方向に電界を印加

図 **4.7**　異方性媒質への電界の印加

一方で，図 (c) のように，E の向きによっては，E と P の方向が一致するような E の方向が存在する。その方向を**主軸**（principal axis）と呼び，媒質の結晶構造に応じて各主軸方向の電界に対して異なる屈折率 n_1, n_2, n_3 を取ることがある。これらは主屈折率とも呼ばれる。このような媒質中を伝搬する光波は，その偏光方向によって異なる屈折率を感じながら伝搬することになる。

一軸結晶と呼ばれる結晶構造の光学異方性媒質では，三つの主屈折率のうちの二つは等しくなる。そこで，習慣上，一軸結晶では，$n_1 = n_2 \equiv n_o$，$n_3 \equiv n_e$ として，n_o は常屈折率，n_e は異常屈折率と呼ばれている。このような光学異方性は**複屈折**（birefringence）とも呼ばれ，方解石の持つ複屈折の性質が教科書などでよく紹介されている。また，後述する光変調器で用いられるニオブ酸リチウム結晶も大きな光学異方性を有する。ニオブ酸リチウムでは主軸を a 軸，b 軸，c 軸と呼び，主屈折率が n_e となる方向を c 軸としている。

つぎに，光学異方性媒質を**図 4.8** のように主軸を x, y 方向に向くように置

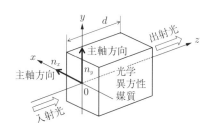

図 **4.8**　光学異方性媒質への光波の入射

き，その方向の屈折率を n_x, n_y, 光波の伝搬方向を z とし，$z=0$ の位置から媒質に光波が入射するとする。

式 (1.22) を用いて，媒質内での光波の電界の x 方向成分 E_x, y 方向成分 E_y を実数表現で表すと

$$\left. \begin{array}{l} E_x = E_{0x} \cos(\omega t - k_0 n_x z) \\ E_y = E_{0y} \cos(\omega t - k_0 n_y z + \delta_0) \end{array} \right\} \tag{4.8}$$

となる。ここで，δ_0 は入射光の E_x に対する E_y の初期位相の差である。長さ d の光学異方性媒質を通過した出射光の，E_x に対する E_y の位相差 δ は

$$\left. \begin{array}{l} \delta = (\omega t - k_0 n_y d + \delta_0) - (\omega t - k_0 n_x d) = \delta_0 + \delta' \\ \delta' = k_0 d (n_x - n_y) = \dfrac{2\pi d}{\lambda_0}(n_x - n_y) \end{array} \right\} \tag{4.9}$$

である。光学異方性媒質によって，元々の位相差 δ_0 に，δ' の位相差が新たに加わることがわかる。したがって，長さ d の光学異方性媒質を通過した直後の $z=d$ の位置での出射光の電界は，式 (4.9) の δ' を使って，次式のように表すことができる。

$$\left. \begin{array}{l} E_x = E_{0x} \cos(\omega t - k_0 n_x d) \\ E_y = E_{0y} \cos(\omega t - k_0 n_y d + \delta_0) = E_{0y} \cos(\omega t - k_0 n_x d + \delta_0 + \delta') \end{array} \right\} \tag{4.10}$$

ここで，光波の偏光状態は，1.3 節で述べたように x, y 方向の電界成分の振幅 E_{0x}, E_{0y} と，それらの間の位相差 δ とで決まることをすでに学んだ。そこで，式 (4.10) の両方の式の位相成分に存在する $k_0 n_x d$ の項を取り除いて，出射光の電界を

$$\left. \begin{array}{l} E_x = E_{0x} \cos \omega t \\ E_y = E_{0y} \cos(\omega t + \delta_0 + \delta') = E_{0y} \cos\{\omega t + \delta_0 + k_0 d(n_x - n_y)\} \end{array} \right\} \tag{4.11}$$

と表しても，光波の偏光状態を議論するうえでは問題はない。

〔2〕 **1/4 波長板** ここでは，$\delta' = \pi/2$ となるような光学異方性媒質に，

図 4.9 のように x 軸に対して 45° 方向の直線偏光 ($\delta_0 = 0$, $E_{0x} = E_{0y} = E_0$) を入射した場合を考えてみよう。出射光の $z = d$ での電界は式 (4.11) より，次式のように表すことができる。

$$\left.\begin{array}{l} E_x = E_0 \cos\omega t \\ E_y = E_0 \cos\left(\omega t + \dfrac{\pi}{2}\right) = -E_0 \sin\omega t \end{array}\right\} \quad (4.12)$$

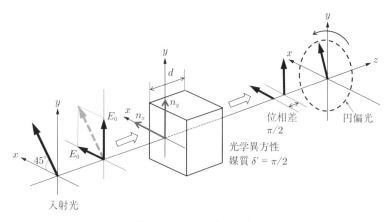

図 4.9 1/4 波長板の動作

これは，式 (1.25) より，右回り円偏光であることがわかる。$\pi/2$ の位相変化は長さ 1/4 波長の伝搬に対応するので，このような光学異方性媒質は **1/4 波長板** (quarter wavelength plate) と呼ばれる。1/4 波長板は，直線偏光を円偏光に変換でき，逆も同様に可能であるので，直線偏光と円偏光との間の変換を行う光学素子であることがわかる。

ここで，図 4.10 のように 1/4 波長板を通過した光波を反射鏡で戻して，1 往復させた場合を考えてみよう。円偏光が反射鏡で反射すると，電界ベクトルの回る向きは同じであるが進行方向が逆になるので，円偏光の回転方向は逆転することになる。図の構成では片道の 2 倍の位相差 δ' が生じ，反射光の δ' は π となる。したがって，つぎに述べる 1/2 波長板を通過したのと同様の効果があり，反射光の偏光方向は，入射光とは直交する方向に変換されることになる。

62   4. 受動素子

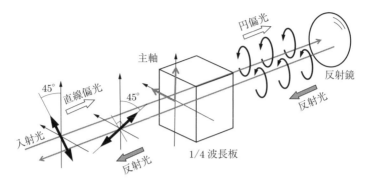

図 **4.10**　1/4 波長板による偏光の回転

〔**3**〕**1/2 波長板**　1/4 波長板の 2 倍となる $\delta' = \pi$ の位相差を与える光学異方性媒質は **1/2 波長板**（half wavelength plate）と呼ばれる。いま，1/2 波長板に任意の方向の直線偏光を入力した場合を考える。式 (4.11) で $\delta_0 = 0$，$\delta' = \pi$ とすれば，次式のように E_y の符号だけが逆転する。

$$\left.\begin{array}{l} E_x = E_{0x} \cos \omega t \\ E_y = E_{0y} \cos(\omega t + \pi) = -E_{0y} \cos \omega t \end{array}\right\} \quad (4.13)$$

これは，図 **4.11** に示すように入力光の偏光方向が θ のとき，出力光の偏光方向は $-\theta$ となり，偏光方向が x, y の両方の軸に対して対称な方向に変換されて

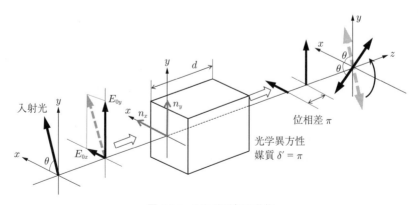

図 **4.11**　1/2 波長板の動作

いることになる。したがって，1/2 波長板は直線偏光の偏光方向を主軸に対して対称な方向に変換する機能を有することがわかる。

そこで，この状態で，異方性媒質の主軸を角度 α 回転させると，出力光の偏光方向は角度 2α 回転することになる。このように，1/2 波長板を用いれば，直線偏光の偏光方向を任意の方向に回転させることが可能である。

4.2.3 ファラデー効果

ファラデー効果（Faraday effect）は**磁気光学効果**（magneto-optical effect）の一種で，図 **4.12** に示すように，磁界を光波の伝搬方向に印加したときに，光波の偏光方向が回転する現象である。これは**旋光性**（optical rotatory）とも呼ばれ，右回り円偏光と左回り円偏光との間に位相差が生じることによって起こり，左右の円偏光が感じる屈折率が異なると解釈することができる。ファラデー効果は多くのガラス材料が有しているが，特にガーネット系と呼ばれる種類のガラス材料では非常に大きな旋光性を示す。

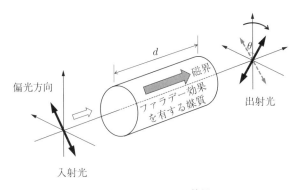

図 **4.12** ファラデー効果

まず，ファラデー効果による旋光性について考えてみよう。直線偏光は，同じ振幅の右回り円偏光と左回り円偏光を足し合わせで作ることができる。例えば，x 方向の直線偏光は

$$\left.\begin{aligned} E_x &= E_0 \cos(\omega t - kz) = \frac{E_0}{2}\cos(\omega t - kz) + \frac{E_0}{2}\cos(\omega t - kz) \\ E_y &= 0 \hspace{3.2em} = \frac{E_0}{2}\sin(\omega t - kz) - \frac{E_0}{2}\sin(\omega t - kz) \end{aligned}\right\}$$
(4.14)

と考えることによって，左回り円偏光（右辺第 1 項）と右回り円偏光（右辺第 2 項）の足し算で表現できる．いま，右回りと左回りの円偏光が感じる屈折率をそれぞれ n_R, n_L とすると，x 方向の直線偏光が長さ d のファラデー効果を有する媒質を通過したときの電界は，式 (4.14) を用いて

$$\left.\begin{aligned} E_x &= \frac{E_0}{2}\cos(\omega t - k_0 n_L d) + \frac{E_0}{2}\cos(\omega t - k_0 n_R d) \\ &= E_0 \cos\left(k_0 d \frac{n_R - n_L}{2}\right) \cos\left(\omega t - k_0 d \frac{n_R + n_L}{2}\right) \\ E_y &= \frac{E_0}{2}\sin(\omega t - k_0 n_L d) - \frac{E_0}{2}\sin(\omega t - k_0 n_R d) \\ &= E_0 \sin\left(k_0 d \frac{n_R - n_L}{2}\right) \cos\left(\omega t - k_0 d \frac{n_R + n_L}{2}\right) \end{aligned}\right\}$$
(4.15)

と表される．上式からわかるように，E_x, E_y の位相成分は同じであるので位相差 $\delta = 0$ で，それぞれの振幅はたがいに異なる．したがって，1.3 節からわかるように，出力光は直線偏光で，その偏光方向は，式 (1.24) より

$$\theta = \tan^{-1} \frac{E_0 \sin\left(k_0 d \frac{n_R - n_L}{2}\right)}{E_0 \cos\left(k_0 d \frac{n_R - n_L}{2}\right)} = k_0 d \frac{n_R - n_L}{2} \tag{4.16}$$

と表される．つまり，ファラデー効果によって直線偏光の偏光方向が式 (4.16) で表される角度 θ だけ回転することがわかる．

また，ファラデー効果に代表される磁気光学効果の多くは，非相反効果と呼ばれ，光波の通過する向きによって光波に与えられる効果が異なるという特徴がある．そのため，出力側で光波を反射させて，ファラデー素子中を光波を往復させた場合は，入射光の偏光方向に戻るのではなく，片道の 2 倍の角度だけ偏光方向が回転することになる．

4.2.4 光アイソレータ

図 **4.13**(a) のように,光源からの光波を対象物に照射する場合,対象物からの反射光は光源に戻り,光源の動作に悪影響を及ぼす可能性がある。そこで,図 (b) のように偏光子と 1/4 波長板からなる光学系をその間に挟む光学系を考えてみよう。先ほど述べたように,反射波の偏光方向は入射光とは 90° 回転す

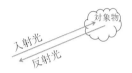

(a) 物体(対象物)からの反射

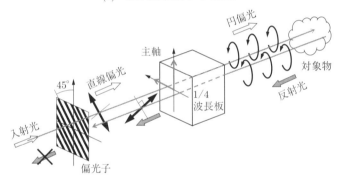

(b) 1/4 波長板を用いた光アイソレータ

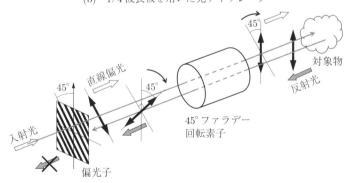

(c) ファラデー効果を用いた光アイソレータ

図 **4.13** 光アイソレータ

るので，偏光子を通過できない。したがって，反射光は光源に戻ることはない。このような光学系を**光アイソレータ**（optical isolator）と呼ぶ。同様の機能は，図 (c) のようにファラデー効果の非相反の特性を利用して，回転角度 $\theta = 45°$ のファラデー媒質を使うことによっても実現できる。

4.3 波長フィルタ・回折素子

ある特定の波長域の光波を透過させたり，取り除いたりする波長フィルタや，波長分布を計測するためなどに利用される回折素子は，受動素子のなかでも重要なものである。ここでは，その基本的な原理を学んでいく。

4.3.1 多層膜フィルタ

〔1〕 **三層構造** 屈折率の異なる誘電体を積層した構造体に光波を入射する場合を考える。はじめに，簡単な例として，図 4.14 のように，屈折率が n_1, n_2, n_3 の三層構造を考えてみよう。

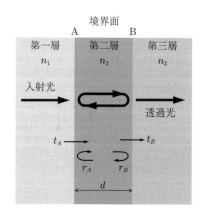

図 4.14 三層構造の誘電体での光波の伝搬

左側から入射し，境界面 A を透過した光波は，第二層内で境界面 A，B の間で反射を繰り返して往復し，往復のたびに境界面 B から透過光が出力される。出力光は，境界面 B からの透過光の足し合わせになる。図のように，境界面 A，

Bでの電界に対する反射係数を r_A, r_B, 右方向への透過係数を t_A, t_B とする。第二層を伝搬する際の片道の位相変化を φ とし，入射光の電界を E_{in} とすると，出射光の電界 E_{out} は次式のような等比級数で表される。

$$\frac{E_{out}}{E_{in}} = t_A t_B e^{-j\varphi} + t_A t_B e^{-j\varphi} r_A r_B e^{-2j\varphi} + t_A t_B e^{-j\varphi}(r_A r_B e^{-2j\varphi})^2$$
$$+ t_A t_B e^{-j\varphi}(r_A r_B e^{-2j\varphi})^3 + \cdots$$
$$= \frac{t_A t_B e^{-j\varphi}}{1 - r_A r_B e^{-2j\varphi}} \tag{4.17}$$

ここで，第二層の厚さを d，光波の真空中での波長を λ_0 とすると

$$\varphi = \frac{2n_2 \pi d}{\lambda_0} \tag{4.18}$$

である。素子全体の電力透過率は，式 (1.34b) を用いて，式 (4.17) より

$$T_t = \frac{n_3 |E_{out}|^2}{n_1 |E_{in}|^2} = \frac{n_3}{n_1} \frac{(t_A t_B)^2}{1 + (r_A r_B)^2 - 2 r_A r_B \cos 2\varphi} \tag{4.19}$$

となる。また，反射係数と透過係数は式 (2.1) より

$$r_A = \frac{n_2 - n_1}{n_2 + n_1}, \quad r_B = \frac{n_2 - n_3}{n_2 + n_3}, \quad t_A = \frac{2n_1}{n_1 + n_2}, \quad t_B = \frac{2n_2}{n_2 + n_3} \tag{4.20}$$

である。

いま，簡単な例として，空気中に置かれた屈折率 n_2 で幅 d の誘電体に光波を入射した場合を考えてみよう。条件は，$n_2 > n_1 = n_3 = 1$ となり，左右対称構造となるので，両境界面での電力反射係数 $R = r_A^2 = r_B^2$ を用いると，式 (4.19) は，式 (2.1)，式 (2.3) より

$$T_t = \frac{(1-R)^2}{1 + R^2 - 2R \cos 2\varphi} \tag{4.21}$$

となる。式 (4.18) より，φ は λ_0 の関数であるので，T_t は λ_0 によって変化し，$\cos 2\varphi = 1$ のときに極大となる。つまり，特定の波長の光波を透過させる波長フィルタとして動作することがわかる。式 (4.18) より，極大となる条件は

$$d = m\frac{\lambda_0}{2n_2} \quad (m = 1, 2, 3, \cdots) \tag{4.22}$$

であり,第二層の厚さが半波長の整数倍となるときであることがわかる。

ところで,誘電体の対称三層構造は波長フィルタとしての機能はあるが,一般的な誘電体を用いた場合では屈折率差 $(n_2 - n_1)$ を大きく取ることが難しい。その結果,R をあまり大きくできないので,T_t が λ_0 によって急峻に変化するような選択性能のよい波長フィルタの実現は困難である。選択性能の向上のためには,後述する周期多層膜やファブリ・ペロー共振器がよく用いられている。

つぎに,第一層は空気 (n_1 =1) で,$n_3 > n_2 > 1$ のときを考えてみよう。この場合,$r_A r_B < 0$ であるので,式 (4.19) より,電力透過率 T_t は $\cos 2\varphi = -1$ のとき極大となる。極大となる条件,および,そのときの極大値 $T_{t\max}$ は

$$(2m-1)\frac{\lambda_0}{4} = n_2 d \quad (m = 1, 2, 3, \cdots) \tag{4.23}$$

$$T_{t\max} = \frac{n_3}{n_1} \frac{(t_A t_B)^2}{1 + (r_A r_B)^2 + 2r_A r_B} = \frac{4n_1 n_2^2 n_3}{(n_2^2 + n_1 n_3)^2} \tag{4.24}$$

となる。$T_{t\max}$ は $n_2 = \sqrt{n_1 n_3}$ のときに1となり,入射光がすべて透過し,反射光がなくなる。これは,電気回路で使う1/4波長整合回路と同様の原理で反射をなくしたものであり,また,レンズなどに施される単層の無反射コート(ARコート)膜の条件とも同じである。

〔2〕 **周期多層膜** 屈折率の変化を周期的に多数形成することにより,それぞれの界面での反射光が重ね合わされて,ある特定の波長の光波のみを選択的に反射させる波長フィルタを実現することができる。**図 4.15** に周期多層膜の構造を示す。屈折率 n_1,幅 d_1 の層と,屈折率 n_2,幅 d_2 の層が交互に周期的に配置されている。ここで,屈折率差を大きくすると,入射光が手前の屈折率境界面で反射されてしまい,多層膜の効果がなくなるので,屈折率差は十分に小さいとし,各境界面での反射係数も十分に小さいものとする。

そこで,境界面で2回以上反射した光波は十分に減衰し,無視できると仮定

4.3 波長フィルタ・回折素子

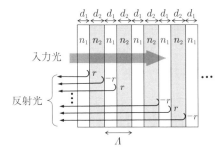

図 4.15 周期多層膜

して計算を簡単化してみよう．この場合，図のように，素子からの反射光は各境界面から 1 回だけ反射した反射光を足し合わせればよい．

ここで，屈折率が n_1，および，n_2 の層を通過する際の位相変化をそれぞれ φ_1, φ_2 とし，1 周期分の位相変化を $\varphi = \varphi_1 + \varphi_2$ とすると

$$\varphi_1 = k_0 n_1 d_1, \quad \varphi_2 = k_0 n_2 d_2, \quad \varphi = k_0(n_1 d_1 + n_2 d_2) \tag{4.25}$$

である．また，$r = (n_1 - n_2)/(n_2 + n_1)$ とすると，各境界面での反射係数は，図のように r または $-r$ で表される．そこで，入力光，および，反射光の電界を E_{in}, E_{ref} として，周期構造の内部にある各境界面から戻ってくる光波を足し合わせると

$$\begin{aligned}
\frac{E_{ref}}{E_{in}} &= re^{-2j\varphi_1} - re^{-2j(\varphi_1+\varphi_2)} + re^{-2j(2\varphi_1+\varphi_2)} \\
&\quad - re^{-2j(2\varphi_1+2\varphi_2)} + \cdots + re^{-2j\{(N_0-1)\varphi_1+N_0\varphi_2\}} \\
&\quad - re^{-2j(N_0\varphi_1+N_0\varphi_2)} \\
&= r(e^{2j\varphi_2} - 1)(e^{-2j\varphi} + e^{-4j\varphi} + \cdots + e^{-2N_0 j\varphi}) \\
&= r(e^{-2j\varphi_1} - e^{-2j\varphi})\frac{1 - e^{-j2N_0\varphi}}{1 - e^{-2j\varphi}}
\end{aligned} \tag{4.26}$$

となる．上式の $e^{-2j\varphi} + e^{-4j\varphi} + \cdots + e^{-2N_0j\varphi}$ の部分が，各周期構造部分からの反射波の足し合わせに対応しており，明らかに，$\varphi = m\pi$（m は整数）のときに各反射波の位相が一致し，強め合うことがわかる．したがって，式 (4.25) より

70   4. 受動素子

$$n_1 d_1 + n_2 d_2 = \frac{m\pi}{k_0} = m\frac{\lambda_0}{2} \tag{4.27}$$

のとき，つまり，1周期の光路長 $n_1 d_1 + n_2 d_2$ が半波長の整数倍のときに，反射光強度が極大となる。

式 (4.26) を使って，いくつかの周期数 N_0 において，波長 λ_0 に対する光電力の反射率の変化を計算した例を図 **4.16** に示す。N_0 を大きくすると，きわめて急峻な特性が得られ，選択性の高い波長フィルタが実現できることがわかる。三層構造の場合に比べて，周期多層膜では多くの反射光が足し合わされるので，それぞれの反射光の位相がそろったときに大きな反射光が得られ，優れた波長選択性能が実現できる。

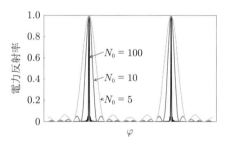

図 **4.16** 周期多層膜の反射特性

4.3.2 回折素子

〔1〕回折格子　　回折格子 (diffractive grating) の構造を図 **4.17** に示す。

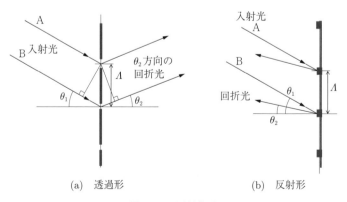

図 **4.17** 回折格子

透過形回折格子は，図 (a) に示すように，幅の狭いスリットが等間隔に並んだ，格子状のパターンからの回折を利用する光学素子である．各スリット位置から生じた二次球面波の位相がそろう方向にのみ，出射光が強め合う．隣り合うスリットを通過する二つの光路 A と B の光路差は，スリットの周期を Λ，入射角を θ_1，出射角を θ_2 とすると，$\Lambda \sin\theta_1 + \Lambda \sin\theta_2$ である．したがって，この光路差が波長の整数倍のときに波が強め合うので，回折条件は

$$\Lambda(\sin\theta_1 + \sin\theta_2) = m\lambda \tag{4.28}$$

となる．ここで，m は整数で，複数の m に対応する角度 θ_2 への回折光が存在し得るので，それぞれを m 次回折光と呼んで区別する．回折格子の利用方法の一つが分光と呼ばれる，異なる波長の光を出射角度で分離することである．式 (4.28) より，出射角 θ_2 は次式で表され，波長 λ に応じて変化することがわかる．

$$\sin\theta_2 = \frac{m\lambda}{\Lambda} - \sin\theta_1 \tag{4.29}$$

したがって，出射光強度の出射角度による変化を観測すれば，入射光の波長分布が観測できる．波長分解性能を表す指標としては，波長変化に対する角度変化で

$$\frac{d\theta_2}{d\lambda} = \frac{m}{\Lambda \cos\theta_2} \tag{4.30}$$

で表される．

反射形回折格子は，図 (b) に示すように，光波が散乱される部分がストライプ状に周期的に設けられた反射板で，透過形の回折格子と動作原理は同じである．反射角を θ_2 とすることで，上式がそのまま適用できる．反射形回折格子は，波長スペクトルを観測するための装置である分光器やスペクトルアナライザなどでよく利用されている．

回折格子では，光波が散乱される部分が格子状に周期的に並んでいればよいので，透過形ではスリットの代わりに媒質の部分的な屈折率変化などでも同様の動作をする．

〔2〕**ブラッグ回折** 図 4.18 のように，光波が散乱される場所が二次元的に広い平面で，それが等間隔で積層されているような場合を考えてみよう。

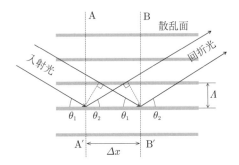

図 4.18 ブラッグ回折

入射光は，散乱面で，一部が散乱され，一部はそのまま透過するものとする。図のように正面から見た場合，AA′線上での散乱を考えると，透過形の回折格子と同様の構造となるので，式 (4.29) は回折のための必要条件である。それに加えて，AA′線から横方向に離れた任意の位置（BB′線上）での回折光とも位相がそろう必要がある。そのためには，次式で示すように，AA′線上と BB′線上で回折された光波の光路差も波長の整数倍でなければならない。

$$\Delta x (\cos\theta_1 - \cos\theta_2) = m'\lambda \quad (m' は整数) \tag{4.31}$$

ここで，この式が任意の Δx で成り立つためには，両辺が 0，つまり，$\cos\theta_1 = \cos\theta_2$，$m' = 0$ のときのみである。そこで，$\theta_B = \theta_1 = \theta_2$ として，式 (4.28) を変形すると，次式の回折条件が導かれる。

$$\sin\theta_B = \frac{m\lambda}{2\Lambda} \tag{4.32}$$

このような回折を**ブラッグ回折**（Bragg diffraction）と呼び，θ_B は**ブラッグ角**（Bragg angle）と呼ばれる。ブラッグ回折は結晶の格子定数を測定するためによく用いられている。原子が平面上に配列している面を散乱面として，その間隔 Λ を θ_B から正確に測定することが可能である。通常は，式 (4.32) で，$m = 1$ の 1 次回折光を用い，格子定数に近い波長の電磁波である X 線を用いる。

4.4 光 共 振 器

光波を共振させることによって，ある波長の光波だけを取り出す波長フィルタとして利用することができる．さらに，このあと述べるように，共振器に光波のエネルギーを蓄積させてレーザ発振にも利用されている．最も基本的な光共振器は，図 **4.19** に示すファブリ・ペロー共振器（Fabry-Pérot resonator）で，光波を往復させるために二つの反射鏡を向かい合わせに配置したものである．

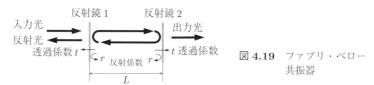

図 **4.19** ファブリ・ペロー共振器

4.4.1 共 振 条 件

ここで用いる反射鏡は，入射した光波の一部は透過するものとし，光波の電界の反射係数を r，透過係数を t とする．図のように共振器内に入った光波は往復のたびに反射鏡から一部が漏れ出ていく．出力光は，反射鏡 2 からの透過光の足し合わせになる．共振器内を伝搬する際の片道の位相変化を φ とし，入力光の電界振幅を E_{in} とすると，出力光の電界振幅 E_{out} は

$$\frac{E_{out}}{E_{in}} = t^2 e^{-j\varphi}(1 + r^2 e^{-2j\varphi} + r^4 e^{-4j\varphi} + \cdots) = \frac{t^2 e^{-j\varphi}}{1 - r^2 e^{-2j\varphi}} \tag{4.33}$$

で表される．

ここで，反射鏡の電力反射率 R を用いると，$r^2 = R$, $t^2 = T = 1 - R$ より，共振器の電力透過率 T_t は

$$T_t = \left|\frac{E_{out}}{E_{in}}\right|^2 = \frac{t^4}{1 + r^4 - 2r^2 \cos 2\varphi} = \frac{(1-R)^2}{1 + R^2 - 2R \cos 2\varphi} \tag{4.34}$$

となり，式 (4.21) の誘電体の対称三層構造の場合の T_t とまったく同じ式が得

られた．したがって，原理的には同様の動作をするが，誘電体多層膜では大きな反射係数 r を得るのが困難であるが，ファブリ・ペロー共振器の反射鏡の r は容易に大きくできるので，後で述べるように非常に急峻な特性が実現できる．

反射鏡間の距離を L，内部の屈折率を n，光波の真空中での波長を λ_0 とすると

$$\varphi = \frac{2n\pi L}{\lambda_0} \tag{4.35}$$

である．光波が共振器を 1 往復する間の位相変化 2φ が，$2\varphi = 2m\pi$（$m = 1, 2, 3, \cdots$）となるとき，式 (4.34) の $\cos$ が 1 となり，T_t が極大値を取る．このとき，共振器内を往復する光波は位相がそろって強め合い，共振状態となる．したがって，光共振器の共振条件，つまり，T_t が極大となる条件は

$$L = m\frac{\lambda_0}{2n} \quad (m = 1, 2, 3, \cdots) \tag{4.36}$$

である．L が半波長の整数倍のときに共振することがわかる．

共振器長 L が決まると，共振条件に合う波長は多数存在することになる．そこで，式 (4.36) の整数 m に対応する共振波長を λ_{0m}，そのときの共振周波数を f_m とすると

$$\left.\begin{array}{l} \lambda_{0m} = \dfrac{2nL}{m} \\[6pt] f_m = \dfrac{c}{\lambda_{0m}} = \dfrac{c}{2nL}m \end{array}\right\} \tag{4.37}$$

と表すことができる．

4.4.2 縦モードとフィネス

〔1〕**縦モード**　共振状態では，共振器内には図 **4.20** のように共振器の縦方向に m 個の腹をもつ定在波が生じている．このような長さ方向の定在波に

図 **4.20**　光共振器内の縦モード

よる共振モードは**縦モード**（longitudinal mode）と呼ばれている。

通常は，式 (4.36) において $L \gg \lambda_0/n$ であるので，m は非常に大きな数となり，非常に多くの縦モードが存在する。そのため，個々の縦モードに対応する整数 m を特定することはあまり意味がなく，隣り合う縦モードの間隔が重要になってくる。

式 (4.37) より，縦モードの周波数間隔 Δf は

$$\Delta f = f_{m+1} - f_m = \frac{c}{2nL} \tag{4.38}$$

で表される。縦モードの波長間隔 $\Delta \lambda_0$ については，波長 λ_0 付近において式 (4.37) より，$2nL = m\lambda_0 = (m-1)(\lambda_0 + \Delta\lambda_0)$ が成り立つ。ここから，m を消去すると，波長 λ_0 付近の $\Delta\lambda_0$ は

$$\Delta\lambda_0 = \frac{\lambda_0^2}{2nL - \lambda_0} \approx \frac{\lambda_0^2}{2nL} \tag{4.39}$$

となる。$\Delta\lambda_0$ は，共振波長を一意に決定できる最大波長範囲となり，**自由スペクトル領域**（free spectrum range）とも呼ばれる。

〔2〕**フィネス**　式 (4.34) を用いて，いくつかの R について，波長 λ_0 に対する T_t 変化を図 **4.21** に示す。

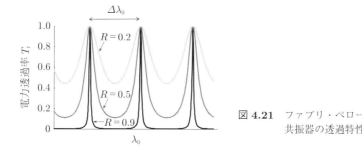

図 **4.21**　ファブリ・ペロー共振器の透過特性

共振条件を満たす波長の前後で透過率 T_t が急激に上昇しており，R の値によって，その急峻さに変化があることがわかる。この共振の急峻さを表す指標は**フィネス**（finesse）と呼ばれる。図 **4.22** に示すように，T_t の最大値の 1/2 となるピーク幅（半値全幅）$\Delta\varphi$ を用いて，フィネス F は

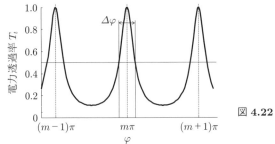

図 4.22　フィネスの計算

$$F = \frac{\pi}{\Delta\varphi} \tag{4.40}$$

と定義される。

　T_t の最大値は 1 なので，$\varphi = m\pi \pm \Delta\varphi/2$（$m$ は整数）のときに，$T_t = 1/2$ となる。いま，式 (4.34) を

$$T_t = \frac{(1-R)^2}{(1-R)^2 + 4R\sin^2\varphi} = \frac{1}{1 + \dfrac{4R}{(1-R)^2}\sin^2\varphi} \tag{4.41}$$

と変形し，$\sin^2(m\pi \pm \Delta\varphi/2) = \sin^2(\Delta\varphi/2)$ であることを考慮すると，$\varphi = \Delta\varphi/2$ のときに式 (4.41) の右辺の分母が 2 にならなければならない。したがって

$$\frac{\Delta\varphi}{2} = \sin^{-1}\frac{1-R}{2\sqrt{R}} \approx \frac{1-R}{2\sqrt{R}} \tag{4.42}$$

となり，フィネスは

$$F = \frac{\pi}{\Delta\varphi} \approx \frac{\pi\sqrt{R}}{1-R} \tag{4.43}$$

と表される。上式より，R を大きくするほど F は大きくなり，急峻な共振特性が得られることがわかる。

〔3〕**Q**　フィネスとよく似た指標として，共振器における共振の鋭さを表す **Q**（quality factor）がある。これは，おもに電気回路において用いられており，Q の定義は

$$Q = \omega \frac{\text{共振器に蓄積されている平均エネルギー}}{\text{共振器から失われる電力}}$$
$$= 2\pi \frac{\text{共振器に蓄積されている平均エネルギー}}{1\text{周期の間に共振器から失われるエネルギー}} \tag{4.44}$$

である。Qとフィネスとの関係は，式 (4.36) での共振の次数に対応する整数 m を用いれば

$$Q = mF = \frac{2nL}{\lambda_0}F \tag{4.45}$$

と表すことができる。

電気回路による共振器では，通常は基本共振モード（$m=1$）で動作させる場合が多いのに対し，光共振器では，L が波長に比べて非常に大きいために共振次数 m の非常に大きな共振動作をさせる。そのため，光共振器の Q 値は非常に大きな値をとり，また，Q 値が共振器の長さ L に依存するため，共振器の性能を表す指標としては使いにくい。そこで，一般には，光共振器では Q 値は用いず，フィネス F を使って共振の鋭さを表現することが多い。

演 習 問 題

【1】 マッハ・ツェンダー干渉計の一方の光路の途中に，屈折率 n，長さ d，熱膨張率（線膨張率）α 〔K^{-1}〕の誘電体を設置した。干渉計の出力光強度を1周期変化させるのに必要な温度変化量を求めよ。ただし，光波の真空中での波長を λ_0 とする。

【2】 図 4.4 のマイケルソン干渉計において，反射鏡 1 は固定され，反射鏡 2 が 0.1 mm 移動する際に，出力光強度は極大・極小の変化を何周期繰り返すか計算せよ。ただし，真空中の波長を 0.6 μm とし，光路は空気中（屈折率は 1）にあるものとする。

【3】 円偏光を偏光子に入力した場合の出力光強度は，偏光子の方向によらず一定であることを証明せよ。

【4】 1/4 波長板を用いると任意の楕円偏光を直線偏光に変換できることを説明せよ。

【5】 $n_R = 1.5$，$n_L = 1.5001$ のファラデー媒質に波長 $\lambda_0 = 1$ μm の直線偏光を入力し，偏光角を 90° 回転させるのに必要な媒質の長さを求めよ。

【6】 図 4.14 の誘電体三層構造において，$n_2 > n_1 = n_3 = 1$ の条件で，両境界面での電力反射係数 $R = \{(n_1 - n_2)/(n_2 + n_1)\}^2$ を用いて，式 (4.21) を求めよ．

【7】 図 4.14 において，$n_1 = 1$，$n_3 = 1.5$ のとき，反射光が 0 となるための第二層の屈折率と厚さを求めよ．ただし，光波の波長 $\lambda_0 = 1\,\mu\mathrm{m}$ とする．

【8】 図 4.17 の回折格子（周期 Λ）に，入射角 $\theta_1 = 60°$ で入射したときのすべての回折光の回折角度を求めよ．ただし，$\lambda = 1.5\,\mu\mathrm{m}$，$\Lambda = \sqrt{3}\,\mu\mathrm{m}$ とする．

【9】 反射形の回折格子についてつぎの問に答えよ．
    (1) 周期 $\Lambda = 2\,\mu\mathrm{m}$ の回折格子に対し，入射角 $\theta_1 = 30°$ で波長 $2\,\mu\mathrm{m}$ の光波を入射したときの 1 次回折光の反射角 θ_2 を求めよ．
    (2) この状態で光波の波長が $10\,\mathrm{nm}$ 変化した場合の，反射角 θ_2 の変化量 $\Delta\theta$ を，式 (4.30) を用いて求めよ．

【10】 長さ $L = 5\,\mathrm{cm}$，内部の屈折率 1.5 で，電力反射係数 $R = 0.9$ の 2 枚の半透過鏡で構成されるファブリ・ペロー共振器の，真空中の波長 $\lambda_0 = 1\,\mu\mathrm{m}$ 付近での，縦モードの波長間隔，フィネス，Q 値をそれぞれ求めよ．

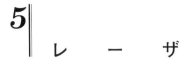

5 レーザ

　レーザ光は光ファイバ通信や光ディスク，光計測，医療機器など社会のさまざまな分野で応用されている．本章では，レーザの動作原理と，情報通信分野などで幅広く用いられている半導体レーザの動作の詳細について解説する．

5.1　レーザ発振の原理

　レーザ（**laser**: light amplification by stimulated emission of radiation）は，直訳すると**誘導放出**による**光増幅**という意味をもつ．誘導放出については後述するが，レーザとは増幅器としての機能を指している．電気信号の増幅と同様に，増幅器の出力を入力に戻すと発振が起きるので，レーザの機能で発振させて光を発生させる素子のことを通常は「レーザ」と呼ぶ．
　電気の発振器では入力から出力まで電気信号をたどったときの増幅率が1になるという振幅に対する条件と，入力に戻される出力信号が入力信号に対して加算となる関係にある（正帰還）という位相に対する条件が成り立ったときに，発振が起き，正弦波信号が発生する．
　レーザにおいても同様に振幅と位相に対する条件が成り立つと，正弦波で示される光波が出力される．10.4節で説明するように，実際の光波は，周波数や位相が時間的，空間的にある程度揺らいでいる．人が目にする光は，無数の原子や電子が起こす個々の発光現象の集まりである．そのため，周波数や発光のタイミングがばらばらで，周波数や位相の時間的，空間的な揺らぎは非常に大

きい。これに対して，レーザは位相，周波数がそろった，揺らぎのきわめて少ない光を発生させることができる。レーザ光は，このような正弦波の振動で表すことができるような光波である。

5.1.1 レーザ発振の条件

レーザには，上で述べたように増幅された光波を元に戻して，再び増幅させる機構が必要である。そのために，図 5.1 のように，ファブリ・ペロー共振器（詳細は 4.4 節を参照）を用いて，その内部に光波を増幅する媒質を挿入する。共振器内では光波が何度も往復することで，正帰還がかかり発振が起こる。

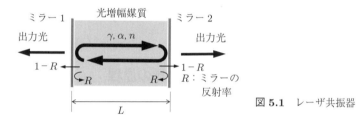

図 5.1　レーザ共振器

ここで，媒質自身の光波の増幅作用に基づく光電力の**利得係数**（gain coefficient）を γ，媒質の不均一性や媒質中の不純物などによる光波の減衰に起因する光電力の**損失係数**（loss coefficient）を α とする。$\gamma - \alpha$ がプラスになれば光は媒質中の伝搬に伴って増幅され，マイナスになれば減衰することになる。γ は後述する誘導放出による光増幅作用によるもので，媒質に外部から与えるエネルギーや内部の光波の強度などによって変化する。一方，α は基本的に動作条件などでは変化しない係数である。

ミラーの電力反射率を R とすると，光波が光共振器の内部で 1 往復したときの光電力の増加率 r_P は，共振器の長さを L とすると

$$r_P = R^2 e^{2(\gamma-\alpha)L} \tag{5.1}$$

となる。

ここで，出力光の電力が一定の定常的なレーザ発振が起こるためには，共振

器内部の光電力も一定になる必要があり，そのためには，r_P は 1 にならなければならない．したがって，式 (5.1) より，出力が一定のレーザ発振が起こるための条件は

$$Re^{(\gamma-\alpha)L} = 1 \tag{5.2}$$

であることがわかる．

式 (5.2) のなかで利得係数 γ だけが変化する係数であるので，実際のレーザでは，式 (5.2) を満足するように γ が次式の値を取ることになる．

$$\gamma = \frac{1}{L}\ln\left(\frac{1}{R}\right) + \alpha \tag{5.3}$$

これが，光電力に関するレーザ発振条件となる．

一方で，レーザがファブリ・ペロー共振器を利用していることから，4.4.1 項で学んだ共振条件も同時に満足する必要がある．したがって，光波の真空中の波長を λ_0，媒質の屈折率を n とすると

$$L = m\frac{\lambda_0}{2n} \quad (m = 1, 2, 3, \cdots) \tag{4.36}$$

の関係もレーザ発振の条件となる．

これは電気回路の発振器において出力が入力に帰還される際に，位相がそろって正帰還となる条件に相当する．したがって，4.4.2 項にあるように，レーザ共振器にも縦モードが生じ，式 (4.39) の縦モード間隔 $\Delta\lambda_0 \approx \lambda_0^2/(2nL)$ で，複数の発振波長が存在し得ることになる．

5.1.2 光波と電子の相互作用

レーザでの光増幅は，光波と物質中の電子との相互作用によって生じる．この相互作用を考える場合，量子力学で記述される波の粒子性を考慮して，光波を光子（photon）と呼ばれる粒子の集まりとしてとらえる必要がある．光波の周波数を ν とすると，光子一つが持つエネルギー E は次式のようになる．

$$E = h\nu \tag{5.4}$$

ここで，h (6.626×10^{-34} J·s) はプランク定数 (Planck's constant) である。

E は光波のエネルギーの最小単位となり，光波と電子との相互作用の際には E の整数倍のエネルギーをやりとりする。いま，ある物質を構成する原子の中に電子が取りうる二つのエネルギー準位 (energy level) E_0 と E_1 ($E_0 < E_1$) があるとし，そこに，エネルギー準位の差

$$h\nu = \Delta E = E_1 - E_0 \tag{5.5}$$

に相当するエネルギーを有する光子が物質に入射した場合を考える。

その場合，図 5.2 に示すように，E_0 のエネルギー準位にある電子は，E_1 の準位が空いていれば，光子と相互作用をして原子が光子のエネルギーを受け取り，E_1 のエネルギー準位に遷移することができる。これは，光子の吸収 (absorption) と呼ばれる過程で，その際の電子の遷移は光学遷移 (optical transition) と呼ばれている。吸収は E_0 準位に電子があれば，ある一定の確率で起こる。

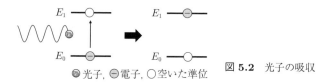

図 5.2 光子の吸収

5.1.3 自然放出と誘導放出

電子が高いエネルギー準位 E_1 に存在している原子においては，図 5.3(a) に示すように，E_0 の準位が空いていると電子はある決まった寿命時間で自発的に E_0 準位に遷移し，その原子は式 (5.5) に相当するエネルギーをもつ光子を一つ

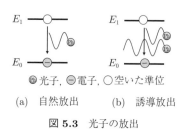

図 5.3 光子の放出

放出する。これを**自然放出**（spontaneous emission）と呼ぶ。

一方で，電子が E_1 準位に存在している原子に，式 (5.5) の ΔE に相当するエネルギーをもつ光子が入射した場合は，図 (b) に示すように，この光子の入射をきっかけとして電子が E_0 準位に遷移し，同時に入射光子と同じエネルギーをもつ光子が一つ新たに放出される。すなわち 1 個の光子が 2 個となって出ていくことになる。これを，**誘導放出**（stimulated emission）と呼ぶ。先の吸収は逆に E_0 準位に存在している原子が光子の入射をきっかけに E_1 準位に遷移を起こす過程といえる。

ここで，重要な点は，2 個となって出ていく光子を波として見た場合，入射光と位相関係が維持されたまま，振幅だけが増大して光波のエネルギーが 2 倍になることである。したがって，誘導放出を連鎖的に起こすことによって，増幅回路で高周波信号を増幅するのと同様に，光を波動として増幅することができる。それによって，5.1.1 項で述べたような共振条件を満足したレーザ発振が可能となり，位相がほぼ完全にそろった光波を得ることができるのである。

5.1.4 反転分布と利得係数

光増幅を実現するためには誘導放出を連続的に起こさせる必要があることがわかった。そのためには，電子は高いエネルギー準位にいて，低いほうのエネルギー準位は空いている必要がある。しかし，**熱平衡状態**（thermodynamic equilibrium state）における物質中では，電子のエネルギー分布が熱力学の法則に従い，ボルツマン分布となるため，低い準位のほうがつねに電子の密度が大きい。通常の状態では，光子が原子に入射しても，誘導放出よりも吸収が起こりやすいため，光波は減衰することになる。

したがって，光増幅のためには，なんらかの方法により低いエネルギー準位にいる電子を，高いエネルギー準位に上げて，電子の密度分布を部分的に逆転させる必要がある。このような状態のことを**反転分布**（population inversion）と呼ぶ。また，このような操作は，下から上に水を汲み上げる動作に似ていることから**ポンピング**（pumping）と呼ばれる。ポンピングの具体的な方法は，

レーザの説明の節で述べるが，いかに効率的にポンピングを行うかがレーザの性能を決める重要な要素である。

つぎに，5.1.1項で説明した光電力の利得係数 γ を，実際に反転分布の状態の媒質中において求めてみよう。ここでは簡単のために先ほどと同様に，原子中に電子が取りうる二つのエネルギー準位 E_0 と E_1 ($E_0 < E_1$) のみに注目し，電子が低いエネルギー準位 E_0 にいる場合を**基底状態**（ground state），高いエネルギー準位 E_1 にいる場合を**励起状態**（excited state）と呼ぶことにする。また，光子数は誘導放出と吸収とでのみ変化するとし，吸収以外に光波の減衰を招く要因はここでは無視する。

光波のエネルギーと強度は4.1節で詳しく述べたが，まず，それらを，**光子密度**（photon density）を用いて表現してみよう。光波のエネルギー密度 u〔J/m³〕は，光子1個のエネルギー $h\nu$〔J〕に光子密度 S〔1/m³〕を掛けて

$$u = Sh\nu \tag{5.6}$$

となる。また，光強度 I〔W/m²〕は単位時間当りに単位面積を通過するエネルギーであるので

$$I = \frac{c}{n}u = \frac{c}{n}Sh\nu \tag{5.7}$$

である。ここで c〔m/s〕は真空中の光速，n は媒質の屈折率を表す。これらの関係を図**5.4**に示す。断面 A を単位面積とすると，1秒間に単位面積を通過する光子数は，体積 c/n の中に存在する光子数と等しいので Sc/n となり，式

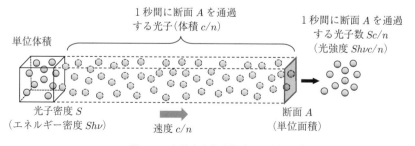

図 **5.4** 光子密度と光強度の関係

(5.7) の関係が容易に理解できる。

　一方，誘導放出による単位時間当りの光子密度の増加量は，励起状態の**原子密度**（atom density）N_1 と光子密度 S の積に対して，**誘導遷移確率**（stimulated transition probability）と呼ばれる係数 B 〔m³/s〕を掛けて，$N_1 S B$ 〔1/m³/s〕と表すことができる。誘導遷移確率は誘導放出と吸収とで同じ値をとるので，吸収による単位時間当りの光子密度の減少量は，基底状態の原子密度 N_0 と S の積に B を掛け，$N_0 S B$ 〔1/m³/s〕となる。したがって，正味の光子密度 S の時間変化は

$$\frac{dS}{dt} = (N_1 - N_0)BS \tag{5.8}$$

となる。式 (5.7) を用いて S を I で置き換えると，光強度 I の時間変化は

$$\frac{dI}{dt} = (N_1 - N_0)BI \tag{5.9}$$

と表される。

　いま，光波は z 軸方向に伝搬しているとすると，$z = (c/n)t$ と置けるので，光強度 I の伝搬による変化は，式 (5.9) より

$$\frac{dI}{dz} = \frac{n}{c}(N_1 - N_0)BI \tag{5.10}$$

となる。この式を解くと，I は

$$I = I_0 e^{\gamma z}, \quad \gamma = \frac{(N_1 - N_0)Bn}{c} \tag{5.11}$$

となり，利得係数 γ が求まる。ここで，I_0 は $z = 0$ での光強度である。

　反転分布の状態では $N_1 > N_0$ となるので，誘導放出が支配的となり，γ は正の値をとるが，逆に $N_1 < N_0$ のときは，吸収が支配的となり，γ は負になることがわかる。

5.1.5　光　子　寿　命

　上で求めた利得係数 γ は誘導放出による光子数の増加に対応するものである。

一方で，光波の減衰やミラーからの出力は，光子数の減少に対応する．ここで，光子数の減少を時間変化で見る場合，光子の寿命時間を考えると便利である．レーザ共振器内の光子密度が，減衰やミラーからの出力によって $1/e$ に減少するまでの時間を**光子寿命**（photon lifetime）τ_p〔s〕とすると，共振器内の光子数密度 S の時間変化は

$$S = S_0 e^{-\frac{t}{\tau_p}} \tag{5.12}$$

となる．ここで，S_0 は $t=0$ での S である．

したがって，共振器内を光波が1往復する間の光子密度の減少率は，e^{-t_0/τ_p} で表される．ここで，t_0 は，光波が共振器を1往復する時間で

$$\frac{c}{n}t_0 = 2L \tag{5.13}$$

である．一方で，媒質中の光波の損失係数 α とミラーの反射率 R を用いると，共振器内を光波が1往復する間の光強度の減少率は $R^2 e^{-2\alpha L}$ となる．したがって

$$R^2 e^{-2\alpha L} = e^{-\frac{t_0}{\tau_p}} \tag{5.14}$$

の関係式が成立する．式 (5.13)，(5.14) から，共振器内の光子寿命 τ_p は

$$\tau_p = \frac{nL}{c(\alpha L - \ln R)} = \frac{n}{c}\frac{L}{\alpha L + \ln\left(\frac{1}{R}\right)} \tag{5.15}$$

と求められる．

ところで，式 (5.12) を時間 t で微分した式

$$\frac{dS}{dt} = -\frac{S_0}{\tau_p}e^{-\frac{t}{\tau_p}} = -\frac{S}{\tau_p} \tag{5.16}$$

は，単位時間当りの光子密度の変化量を表している．

式 (5.16) は，光波の損失要因のみを考慮し，増幅作用は考慮していない．ここで重要なことは，レーザ発振が定常状態であれば，本来 S に変化がないはずなので，式 (5.16) で減少する光子は誘導放出によって完全に補われていること

である．したがって，S/τ_p は，定常的にレーザ発振している状態では，レーザ共振器内で単位時間当りに発生する光子密度に対応することになる．

共振器内で失われる全光電力 P_t は，単位時間当り失われる光エネルギーであるので，式 (5.16) に光子のエネルギー $h\nu$ と共振器の体積 V_a を掛けて

$$P_t = \frac{Sh\nu}{\tau_p}V_a \tag{5.17}$$

で表されることになる．先ほどと同様に，式 (5.17) は，定常的にレーザ発振している状態では，レーザ共振器内で単位時間当りに発生する光電力に対応する．

この考え方を用いると，光共振器から出力される光電力を簡単に表現できる．式 (5.15) で $\alpha = 0$ とすると，ミラーの反射の際に失われる光子，つまり，光共振器からミラーを通して出力される光子に関する光子寿命が求められる．これを τ_m とすると

$$\tau_m = \frac{n}{c}\frac{L}{\ln\left(\frac{1}{R}\right)} \tag{5.18}$$

となる．したがって，ミラーを通して出力される光子密度 S_{out}，および，光電力 P_{out} は，τ_m を用いると

$$\left.\begin{aligned} S_{out} &= \frac{S}{\tau_m} \\ P_{out} &= \frac{Sh\nu}{\tau_m}V_a \end{aligned}\right\} \tag{5.19}$$

と表される．

5.2 各種レーザ

つぎに，実際に利用されているレーザの構造や発振原理などを解説する．実用されているレーザは増幅媒質の種類により，気体レーザ，固体レーザ，半導体レーザの三つに大きく分けることができる．それぞれについて，以下に述べる．

5.2.1 気体レーザ

気体レーザ（gas laser）の増幅媒質には，キセノン（Xe），アルゴン（Ar），ヘリウム-ネオン（He-Ne），二酸化炭素（CO_2）などの単一気体もしくは混合気体がよく利用される。このような気体を比較的低圧でガラス管などに封入し，ファブリ・ペロー共振器中に配置することでレーザが構成される（図 5.5）。ガラス管の両端は不要な反射を抑えて偏光方向を一定にするため 2.1.2 項で学んだブルースター角になるように，斜めに形成する場合がある。

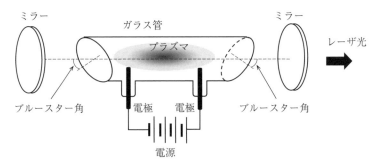

図 5.5　気体レーザの概略図

ガラス管内部には図のように電極を配置し，数 kV 程度の直流電圧をかけることによりグロー放電を起こして，プラズマの状態にする。これにより加速された電子が気体分子に衝突し，原子は励起状態になり反転分布が形成される。このような放電によるホンピングを電子衝突励起と呼ぶ。これにより誘導放出を起こし，レーザ発振が起こる。

気体レーザの利点としては，気体の種類により，発振波長が紫外から赤外までの広い領域を確保できることがある。また，対流により増幅媒質が効率よく冷却されるので，高出力が可能な点も挙げられる。例えば CO_2 レーザは $10.6\,\mu m$ の赤外領域ではあるが，kW クラス以上の高出力化が達成されており，金属や難加工材料の加工などに使われている。反面，増幅媒質の密度が小さいため，増幅利得が小さいので大きな出力を得るためにはガラス管を長くしなければならず，出力の割には装置サイズが大きくなる。

5.2.2 固体レーザ

固体レーザ（solid-state laser）ではアルミナ（Al_2O_3）などの結晶性の物質やガラスなどに，特殊な金属原子をごく少量添加したものが増幅媒質に利用されている．実際，ルビーレーザやサファイアレーザは Al_2O_3 結晶に Cr や Ti が添加されたものが利用され，ほかに，$Y_3Al_5O_{12}$ 結晶に Nd を添加した YAG レーザや，ガラス中に金属元素を添加した材料なども利用されている．発振波長は，増幅媒質によりおもに赤色の可視光から赤外線の領域である．

固体レーザの一般的な構造を図 5.6 に示す．ファブリ・ペロー共振器の内部に増幅媒質を配置し，反射の防止と直線偏光の生成のために，媒質の端面をブルースター角にカットする場合がある．ポンピングには，図に示すように，高出力の半導体レーザや，ほかにはフラッシュランプなどの強力なランプを用いて，増幅媒質に光を照射する**光励起**（optical excitation）と呼ばれる手法がよく用いられる．

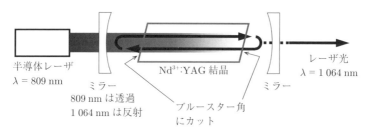

図 5.6　固体レーザの概略図

つぎに，YAG レーザを例にして，ポンピングの方法について説明する．効率的に反転分布を形成するためには，実際には三つもしくは四つのエネルギー準位が使われている．図 5.7 に，四つのエネルギー準位を用いる YAG レーザの例を示す．反転分布を形成し，誘導放出を起こすのは $^4F_{3/2}$ と $^4I_{11/2}$ と呼ばれる二つの準位で，定常状態の原子では，ほとんどの電子は最も低い $^4I_{9/2}$ 準位に存在する．

まず，外部からの励起光を原子に吸収させ，$^4I_{9/2}$ の電子を $^4F_{5/2}$ 準位に光学遷移させる．このときの吸収波長は 809 nm になるので，励起光の波長もそれ

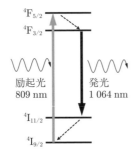

図 5.7 YAG レーザのエネルギー準位と反転分布形成の原理

に合わせる必要がある。$^4F_{5/2}$ 準位の電子は，比較的エネルギーが近い $^4F_{3/2}$ 準位に容易に遷移する性質がある。これによって，$^4F_{3/2}$ 準位に電子をもつ原子数の割合が急激に増加し，$^4I_{11/2}$ 準位に電子をもつ原子数を超えて反転分布の状態になる。

そうすると，自然放出によって生じた光子を種として，誘導放出が連鎖的に生じて，光増幅が起こる。この際の波長は 1 064 nm になる。ここで，$^4I_{11/2}$ は不安定な準位であるため，誘導放出によって $^4I_{11/2}$ 準位に落ちてきた電子は，さらに，$^4I_{9/2}$ 準位に速やかに遷移し，$^4I_{11/2}$ 準位は比較的早く空になる。それによって，$^4F_{3/2}$ と $^4I_{11/2}$ の準位間に効率的に反転分布が形成される。

固体レーザは増幅媒質が高密度で，利得係数を大きく取れるため小形で高出力が得られる特長がある。しかし，固体増幅媒質中での発熱に対する冷却方法が課題である。そのため，通常は，きわめて短時間のパルス状にレーザ発振させて，大きなピークパワーを有する出力光を得る方法がよく使われる。このような特性により加工や医療などにおもに利用されているが，強大なピークパワーのパルス発振を用いて核融合の研究にも利用されている。

5.2.3 半導体レーザ

半導体材料においては，媒質中で多数の原子が非常に近接して存在するために，それぞれの電子が相互作用をし合い，エネルギー準位は広がって幅を持ったバンド構造を形成する。**半導体レーザ**（semiconductor laser）では**伝導帯**（conduction band）と**価電子帯**（valence band）の二つのエネルギーバンドの

間の電子の遷移を利用して誘導放出を行う。図 **5.8** に半導体のエネルギー準位構造を示す。

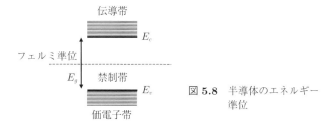

図 **5.8** 半導体のエネルギー準位

伝導帯の最小のエネルギー E_c と価電子帯の最大のエネルギー E_v との間は，エネルギー準位が存在しない**禁制帯**（forbidden band, band gap, バンドギャップ）と呼ばれる。禁制帯を飛び越えて電子が遷移し，光子の放出や吸収が起こる。禁制帯の幅 $E_c - E_v$ が**バンドギャップエネルギー**（band gap energy）E_g である。

ここで，半導体ではフェルミ準位が禁制帯にあるので，熱平衡状態では，伝導帯はほぼ空で，価電子帯は電子でほぼ満たされている。価電子帯の電子が伝導帯に遷移するか，あるいは，外部から伝導帯に電子を価電子帯にホール（正孔）を注入することで，**少数キャリヤ**（minority carrier）である電子とホールのペアが生成される。通常は，電子は伝導帯の底に，ホールは価電子帯の上部に位置するので，エネルギー差が E_g の 2 準位間で反転分布が生じることになる。したがって，少数キャリヤの注入により，$E_g = h\nu$ の光子の誘導放出でレーザ発振が可能となる。

慣例的に，E_g〔J〕は，電気素量 $e = 1.6 \times 10^{-19}$〔C〕で割って，以下のようにエレクトロンボルト〔eV〕を単位として表すことが多い。

$$V_g = \frac{E_g}{e} = \frac{h\nu}{e} \text{〔eV〕} \tag{5.20}$$

V_g は，波長が $\lambda_0 = 1\,\mu\text{m}$ 程度では，1 eV 前後の扱いやすい値になるので，バンドギャップエネルギー（E_g）や光子のエネルギー（$h\nu$）を表すのによく使われる。また，式 (5.20) はバンドギャップ電圧とも呼ばれ，V_g〔V〕の電圧で電

子にエネルギーを与えればそのエネルギーで電子を遷移させることができるので，V_g は半導体レーザの駆動電圧にほぼ等しくなる。

ところで，電子の運動量まで考慮して半導体のエネルギーバンド構造を見ると，図 5.9(a) のように，E_c と E_v の位置の運動量がたがいに等しく，上下に向かい合った形の**直接遷移**（direct transition）形と，図 (b) のように，E_c と E_v の位置の運動量が異なる**間接遷移**（indirect transition）形の構造がある。図 (a) の直接遷移形では，これまでの 2 準位間の遷移と同じく，光子の吸収や放出によって電子が遷移するので，レーザの増幅媒質として利用される。

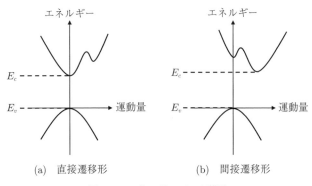

(a) 直接遷移形   (b) 間接遷移形

図 5.9 エネルギーバンド構造

これに対して，図 (b) の間接遷移形では，電子が遷移する際には電子の運動量の変化が必要となる。詳細は省略するが，これは古典力学的には電子の回転や自転の方向を変えることに相当し，結晶の振動などを量子化した音子（フォノン）が介在する必要があるために誘導放出が起こりにくい。

直接遷移形半導体には GaAs，InP，GaN などの III 族原子と V 族原子で構成される化合物半導体があり，半導体レーザに用いられている。電子回路のトランジスタの材料である Si や Ge などは間接遷移形半導体になり，通常は，半導体レーザには用いない。

化合物半導体のバンドギャップエネルギー E_g は原子の組み合わせ方，組成比などによって広い範囲で変化させることが可能であることから，可視光領域から赤外領域までの半導体レーザが実現されている。

半導体レーザの特徴をまとめると，以下のようになる。

① きわめて小形，② きわめて低電圧，低消費電力，高効率，③ 電流により光出力を比較的高速に直接変調できる，④ 低コスト（大量生産可能），⑤ 分布帰還型構造や量子井戸構造など，微細加工技術で高性能化が可能，⑥ 大電力や紫外線発光は困難

大電力応用や，紫外線などの波長域のレーザなどの一部の特殊な応用を除いて，現在では半導体レーザがほとんどの分野で利用されている。そこで本書では，このあと，半導体レーザの構造や動作原理，動作特性などを詳細に解説する。

5.3 半導体レーザ

5.3.1 基本構造

図 5.10 に示すように，半導体レーザは通常は pin 接合を基本に構成されている。i層である**真性半導体**（intrinsic semiconductor）は誘導放出が起こる領域で，**活性層**（active layer）と呼ぶ。活性層はその上下の p 型，n 型半導体層よりも屈折率が高いため，3 章で説明した三層スラブ導波路の原理によって，光は活性層に閉じ込められることになる。

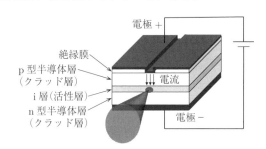

図 5.10 半導体レーザの基本構造

また，図に示すように p 型，n 型半導体層には駆動電流を流すための電極が絶縁層を介して形成され，ストライプ状の部分に電流を集中させている。共振器のためのミラーには半導体のへき開面が用いられる。へき開面は原子層レベルで平坦であり，半導体と空気の屈折率差により適度な反射率が得られる。

活性層の厚さは通常 400 nm 程度で，p 型，n 型半導体層には活性層よりもバンドギャップエネルギーが大きな材料が使用される。エネルギーバンド構造は図 **5.11** のように，ポテンシャル障壁が活性層の両側に形成され，キャリヤは活性層内に閉じ込められることになる。

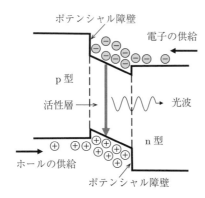

図 **5.11** ダブルヘテロ構造のエネルギーバンド構造

　このような構造を**ダブルヘテロ構造**（double hetero structure）と呼ぶ。通常の pn 接合は，同じ半導体材料内に異なる不純物をドープすることで作製されるが，ヘテロ接合では異なる組成の半導体を，結晶性を維持したまま接合するもので，高度な半導体結晶成長技術が必要とされる。

　図のように，p 型半導体に正の電圧を印加した場合，n 型半導体には電子が，p 型半導体にはホール（正孔）が注入される。これにより i 層では少数キャリヤである電子とホールのペアが蓄積され，反転分布の状態が形成される。ここで電子とホールが再結合すれば光子を放出し，誘導放出が盛んに起こるとレーザ発振する。

5.3.2　レート方程式としきい値電流

　ここでは半導体レーザの発振条件や特性を，**レート方程式**（rate equation）を利用して求める。また，その過程でしきい**値電流**（threshold current）と呼ばれる半導体レーザの重要なパラメータを算出する。レート方程式は光子密度と**キャリヤ密度**（carrier density）の時間変化を表す方程式で，半導体レーザ

の動作の多くはレート方程式から求めることができる。

ここで言うキャリヤ密度とは，活性層部分に存在する少数キャリヤ（伝導帯の電子，あるいは，価電子帯のホール）の密度のことを指している。このキャリヤ密度を N とすると，N の時間変化を表すレート方程式は次式のようになる。

$$\frac{dN}{dt} = \frac{I}{eV_a} - B(N - N_{tr})S - \frac{N}{\tau_n} \tag{5.21}$$

ここで，I は活性層に注入される電流，τ_n は自然放出によるキャリヤの寿命時間，e は電気素量である。V_a は活性層の体積であるが，半導体レーザでは，レーザ共振器の体積と実質的に等しいと考えられるので，式 (5.17) の V_a と同じ記号を使う。また，N_{tr} は透明化キャリヤ密度と呼ばれる量で，誘導放出と吸収とが釣り合って利得係数 γ が 0 となるときのキャリヤ密度である。N が N_{tr} よりも大きくなると，誘導放出が優勢になってキャリヤは減少し，また，逆に N が N_{tr} よりも小さいときは，光子の吸収が優勢となりキャリヤは増加する。

キャリヤ密度 N に関して，右辺第 1 項は活性層に注入される電子密度で注入電流によるキャリヤ密度の増加分を，第 2 項は先に述べた誘導放出と吸収による変化分を，第 3 項は自然放出による減少分を表している。

同様に，活性層での光子密度 S の時間変化を表すレート方程式は次式のようになる。

$$\frac{dS}{dt} = B(N - N_{tr})S - \frac{S}{\tau_p} \tag{5.22}$$

ここで，τ_p は 5.1.5 項で述べた共振器内での光子寿命である。右辺第 1 項は式 (5.21) の右辺第 2 項に対応していて，誘導放出と吸収による光子数の変化分で，第 2 項は 5.1.5 項で述べた媒質の損失係数やミラーによる共振器内の光子の減少分である。

つぎに，I を増加させるとキャリヤ密度 N が増加し，ある値を超えると定常的にレーザ発振が起こると考えられる。そこで，レート方程式を用いて，レーザ発振が起こり始めるところの I をしきい値電流 I_{th} として求める。

定常状態では N は一定なので，$dN/dt = 0$ とすると，式 (5.21) より，次式

が得られる。

$$\frac{I}{eV_a} - B(N - N_{tr})S - \frac{N}{\tau_n} = 0 \tag{5.23}$$

ここで，レーザ発振していない状態を考えて，式 (5.23) で $S = 0$ として I を求めると

$$I = \frac{eNV_a}{\tau_n} \tag{5.24}$$

となる。これより，レーザ発振していない状況ではキャリヤ密度 N と注入電流密度 I はたがいに比例する関係であることがわかる。

つぎに，定常的にレーザ発振しているときは，$S \neq 0$，$dS/dt = 0$ と考えることができ，式 (5.22) より

$$B(N - N_{tr})S - \frac{S}{\tau_p} = 0 \tag{5.25}$$

この式が S に関係なくつねに成立するためには，N は

$$N = N_{tr} + \frac{1}{B\tau_p} \tag{5.26}$$

でなければならない。式 (5.26) より，レーザ発振すると N は注入電流には依存せずに一定値となることがわかる。したがって，式 (5.24) と式 (5.26) より，N は I に対して図 **5.12** に示すように変化する。レーザ発振し始めるときの N は式 (5.26) で表されるので，式 (5.26) の N をしきい値キャリヤ密度 N_{th} とする。

したがって，レーザ発振していない状態で，$N = N_{th}$ のときの電流 I がしきい値電流 I_{th} に対応するので，式 (5.26) を式 (5.24) に代入することで

$$I_{th} = \frac{eN_{th}V_a}{\tau_n} = \frac{eV_a}{\tau_n}\left(N_{tr} + \frac{1}{B\tau_p}\right) \tag{5.27}$$

と表される。また，光子密度 S と注入電流 I の関係は，次式のように，式 (5.23) の N を N_{th} とすることで得られるが，式 (5.27) の I_{th} を用いると簡単な式で表される。

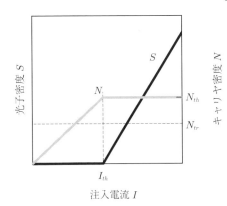

図 **5.12** 光子密度とキャリヤ密度の注入電流依存性

$$S = \tau_p \left(\frac{I}{eV_a} - \frac{N_{th}}{\tau_n} \right) = \frac{\tau_p}{eV_a}(I - I_{th}) \tag{5.28}$$

図 5.12 には,式 (5.28) より S の変化も合わせて描いている。N の変化とは裏腹に,レーザ発振後は,S は I に対して直線的に増加することがわかる。このことは,しきい値電流を超えて注入された電流は,すべて,誘導放出に使われて,光子数の増大に寄与することを示している。

しきい値電流 I_{th} は半導体レーザの性能を表す重要な指標で,小さいほど望ましい。しかし,実際には,しきい値電流を含む多くの物理量が温度に依存する。図 **5.13** に,半導体レーザの注入電流と光子密度の関係の温度依存性の例を示す。しきい値電流 I_{th} も温度とともに,上昇していくことがわかる。この

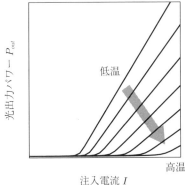

図 **5.13** 光出力パワーと注入電流の関係の温度依存性

特性により,近似的に I_{th} は以下のような温度変化をする.

$$I_{th} = I_0 e^{\frac{T}{T_0}} \tag{5.29}$$

ここで,I_0 は定数,T は絶対温度を示す.T_0 は特性温度と呼ばれ,半導体レーザの温度依存性を示す代表的な指標である.T_0 が高いほど,I_{th} の温度依存性が小さくなり,より優れた温度性能を有することになる.

5.3.3 光出力と効率

つぎに,レーザから出力される光パワー P_{out} を求める.すでに,式 (5.19) で P_{out} は S を用いて表されているので,それに式 (5.28) を代入することで

$$P_{out} = \frac{Sh\nu}{\tau_m} V_a = \frac{\tau_p}{\tau_m} \frac{h\nu}{e} (I - I_{th}) = \eta_d \frac{h\nu}{e} (I - I_{th}) \tag{5.30}$$

のように求められる.ここで,$\eta_d = \tau_p/\tau_m$ は微分量子効率とも呼ばれる.式 (5.20) のバンドギャップ電圧 V_g を使うと

$$P_{out} \approx \eta_d V_g (I - I_{th}) \tag{5.31}$$

と近似できる.

つぎに,効率について考えてみよう.まず,投入した駆動電力に対する光出力パワーの比率が電力変換効率 η_p で,レーザの素子としての効率である.動作電圧を V_{op} とすると,$\eta_p = P_{out}/(V_{op}I)$ であるが,5.2 節で述べたように,半導体レーザでは $V_{op} \approx V_g$ と考えられるので,式 (5.30) より

$$\eta_p = \frac{P_{out}}{V_{op}I} \approx \frac{P_{out}}{V_g I} = \eta_d \left(1 - \frac{I_{th}}{I}\right) \tag{5.32}$$

と表される.

つぎに,図 5.13 での注入電流 I と出力光パワー P_{out} の関係の直線部分の傾きをスロープ効率 η_s と呼び,次式のように表される.

$$\eta_s = \frac{dP_{out}}{dI} = \eta_d \frac{h\nu}{e} \quad (I > I_{th}) \tag{5.33}$$

スロープ効率の単位は〔W/A〕であり，簡単に実測できる量でもある。

また，微分量子効率 η_d は光子寿命の項で求めた式 (5.17), (5.19) より

$$\eta_d = \frac{\tau_p}{\tau_m} = \frac{P_{out}}{P_t} = \frac{\ln\left(\frac{1}{R}\right)}{\alpha L + \ln\left(\frac{1}{R}\right)} \tag{5.34}$$

となり，これは，共振器内部で発生する光パワーに対する出力される光パワーの比である。媒質の損失係数 α やミラーの反射係数 R などで決まる。

5.3.4 直接変調

半導体レーザの特長の一つとして，注入電流を変化させることで，出力光強度を比較的高速に変調できることがある。これを**直接変調**（direct modulation）と呼ぶ。直接変調は簡便な変調方式で，多くの光通信システムで，この直接変調方式が利用されている。

注入電流による光強度の変化について図 **5.14**(a) に示す。しきい値電流を超えた領域に動作点を置くことで，電流注入の変化によって光強度変調ができることがわかる。ただし，変調の周波数依存性により，図 (b) のように注入電流の変調周波数が大きくなると光の強度はこれに追従できなくなり，変調の度合い

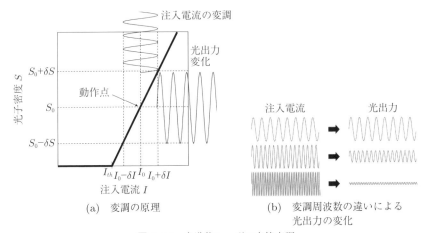

図 **5.14** 半導体レーザの直接変調

が小さくなる。本項ではこれらについてレート方程式を解くことにより求める。

ここで，注入電流に変調を加える場合を考える。電流変化 δI に対してキャリヤ密度，光子密度がそれぞれ δN，δS だけ変化するとして，$I = I_0 + \delta I$，$N = N_0 + \delta N$，$S = S_0 + \delta S$ と置き，レート方程式 (5.21)，(5.22) に代入して整理する。ただし，δI，δN，δS は I_0，N_0，S_0 に対して，それぞれ，十分に小さいものとする。詳細は省略するが，$I_0 > I_{th}$ においては，つぎの微分方程式を得ることができる。

$$\frac{d^2}{dt^2}\delta S + \gamma_0 \frac{d}{dt}\delta S + \omega_r^2 \delta S = \frac{BS_0}{eV_a}\delta I \tag{5.35}$$

ただし

$$\gamma_0 = BS_0 + \frac{1}{\tau_n} \tag{5.36}$$

$$\omega_r^2 = B\frac{S_0}{\tau_p} \tag{5.37}$$

である。これは定数係数の 2 階線形微分方程式の非同次形となり，これを解くことにより δI の変化による δS の変化が求められる。また，式 (5.37) を基にして，式 (5.27)，式 (5.28) を用いて変形すると，次式が得られる。

$$f_r = \frac{\omega_r}{2\pi} = \frac{1}{2\pi}\sqrt{\frac{BS_0}{\tau_p}} = \frac{1}{2\pi}\sqrt{\frac{BN_{th}}{\tau_n}\left(\frac{I_0}{I_{th}} - 1\right)}$$

$$\approx \frac{1}{2\pi}\sqrt{\frac{1}{\tau_n \tau_p}\left(\frac{I_0}{I_{th}} - 1\right)} \quad (\text{ただし},\ N_{th} \gg N_{tr}) \tag{5.38}$$

f_r は緩和振動周波数（relaxation oscillation frequency）と呼ばれる。

δI が角周波数 ω で時間変化する交流信号とした場合，式 (5.35) の解はつぎのようになる。

$$\delta S = A\cos(\omega t + \delta_0), \quad \text{ただし},\ A = \frac{C}{\sqrt{(\omega_r^2 - \omega^2)^2 + \omega^2 \gamma_0^2}} \tag{5.39}$$

ここで，δ_0，C は定数である。振幅 A は，δI による δS の変調度を表す指標であり，式 (5.39) より ω の関数となるので，変調度が周波数特性をもつことがわかる。

$f=0$ で規格化した A の周波数特性の一例を図 **5.15** に示す。$f \ll f_r$ では A はほぼ一定値を取るが,$f = f_r$ で急峻なピークを取り,その後急激に小さくなっている。したがって,f_r が半導体レーザの直接変調での変調周波数の上限を決めることがわかる。式 (5.38) より,注入電流 I_0 を増やすことで f_r を上昇させることが可能である。また,しきい値電流 I_{th} は小さいほど,同じ注入電流でも f_r が高くなり,高速動作が可能であることもわかる。通常の通信向けの半導体レーザでは,ある程度大きな注入電流で変調することで,10 GHz 程度の f_r が実現されている。

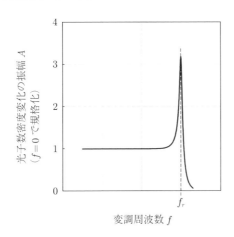

図 **5.15** 半導体レーザの直接変調の周波数特性

ところで,式 (5.35) は,ばねに付けたおもりの緩和振動を表す微分方程式と同じ形である。つまり,注入電流を変化させたときのレーザ出力の変化は,ばねにつながれたおもりを揺らしているようなものとも見られる。低い周波数では忠実に応答するが,ある特定の周波数で共鳴現象を起こして大きく振れ,それ以上の周波数では逆にばねが揺れを吸収して,おもりが揺れなくなる。このような原理で,半導体レーザの直接変調における周波数特性が生じていると考えることもできる。

5.4 モード同期

モード同期 (mode locking) の原理は, 光共振器内で複数の縦モードの光波が重ね合わされた結果, 時間軸上でパルス波形が形成されることによる. 縦モードについては 4.4 節で述べており, 縦モードの波長間隔 $\Delta\lambda_0$ は式 (4.39) で与えられる. 通常, レーザ媒質が正の利得係数をもつ波長幅はこれよりもはるかに広いので, 複数の縦モードを同時に発振させることは容易である.

このような縦多モード発振における各モードの角周波数間隔 $\Delta\omega$ は, 式 (4.38) より

$$\Delta\omega = \frac{\pi c}{nL} \tag{5.40}$$

で表される. ここで n は活性層の屈折率, L は共振器長, c は真空中の光速である. ω_0 から始まる N_0 個の縦モードが存在している場合について, すべてモードの光の電界の和は次式のように表される.

$$E(t) = \sum_{m=0}^{N_0-1} A_m e^{j\{(\omega_0+m\Delta\omega)t+\varphi_m\}} \tag{5.41}$$

ここで, A_m, φ_m は, それぞれ, m 番目のモードの振幅と初期位相である.

いま, すべてのモードについて, 振幅と初期位相が等しい ($A_m \equiv A_0$, $\varphi_m \equiv 0$) としたときの出力光パワー P_{out} は

$$P_{out} \propto |E(t)|^2 = \left| A_0 e^{j\omega_0 t} \sum_{m=0}^{N_0-1} e^{jm\Delta\omega t} \right|^2 \propto \left| \frac{1-e^{jN_0\Delta\omega t}}{1-e^{j\Delta\omega t}} \right|^2 \tag{5.42}$$

ここで, $|1-e^{2j\theta}| = |e^{j\theta}(e^{-j\theta}-e^{j\theta})| = |2\sin\theta|$ の関係より

$$P_{out} \propto \frac{\sin^2 \dfrac{N_0\Delta\omega}{2}t}{\sin^2 \dfrac{\Delta\omega}{2}t} \tag{5.43}$$

となる.図 5.16 に,$L = 300\,\mu\mathrm{m}$,$n = 3.6$,$N_0 = 20$ での P_{out} の時間変化の計算例を示す.縦モードの重ね合わせにより,非常に鋭いパルスが生成できることがわかる.

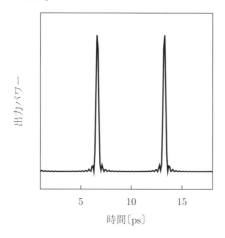

図 5.16 モード同期による光パルス生成の計算例

実際のモード同期レーザでは,位相条件を満足するように各縦モードの位相を合わせる工夫が必要となる.そのためによく使われているのが**可飽和吸収体**(saturable absorber)と呼ばれる媒質で,ある程度よりも大きな光パワーのときだけ光波が通過できる特殊な材料である.これをレーザ共振器内に設置することで,位相がそろったパルスだけでレーザ発振をさせることができる.

5.5　さまざまなレーザおよび発光ダイオード

5.5.1　分布帰還形レーザ

通常のレーザは複数の縦モードが存在するが,大容量で高速の光ファイバ通信では,それらが悪影響を与える恐れがある.そこで,単一の縦モードで発振するレーザとして,図 5.17 に示すような活性層に周期的な構造を作り込んだ**分布帰還形レーザ**(distributed feedback laser)が開発されている.

4.3.2 項で光導波路の導波路幅や基板の屈折率を変化させると実効屈折率 N が変化することを述べた.ここでは,N を周期的に変化させた導波構造を用い

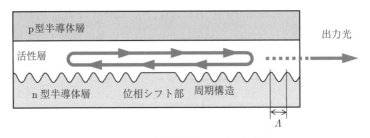

図 **5.17** 分布帰還形レーザの概略図

ることで，4.3.1項の周期多層膜（図4.15）と同様の原理で，ある特定の波長に対してのみ大きな反射率を持たせている。さらに，図のように位相シフト部を設けるなどの工夫により，特定の波長において非常に鋭い共振が起こり，所望の縦モードのみを共振させて，単一縦モード発振を実現している。

4.3.1項において，周期構造の一周期の光路長が半波長の整数倍のときに反射光が強め合うことがわかった。したがって，図のように，周期 $\varLambda$ の周期構造を形成した場合

$$n\varLambda = m\frac{\lambda_0}{2} \quad (m = 1, 2, 3, \cdots) \tag{5.44}$$

のときにレーザ発振する。ただし，n は活性層の屈折率である。

$m=1$ の1次回折を用いると，1.5 μm の通信波長帯のレーザでは $\varLambda$ がおおむね 200 nm 程度になる。非常に高精度な加工技術が必要になるが，この構造により不要な縦モードの強度を 1/1000 以下に抑えた単一縦モード発振するレーザが得られており，現在の通信用半導体レーザとして，分布帰還形レーザは不可欠な存在となっている。

5.5.2　面発光レーザ

面発光レーザは，図4.15の周期多層膜を実際にミラーに利用した構造である。図 **5.18** のように縦方向に光波を共振させる構造で，活性層の厚さ方向が共振器長になるので，通常の半導体レーザに比べて，共振器長 L は非常に短くなる。式 (4.39) より，L を小さくすると，縦モードの波長間隔 $\varDelta\lambda_0$ は広がる

5.5 さまざまなレーザおよび発光ダイオード

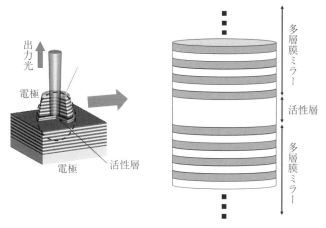

図 5.18 面発光レーザの概略図

ので，単一縦モード発振にとっては有利である。

半導体の製造工程においては各層の膜厚を 1 nm 程度の精度で制御可能であり，このような構造で実際に製品化されている。また，共振部分の直径は 10 μm 程度，電極部分をあわせても 200 μm × 200 μm 程度の面積で半導体ウェーハ上に作成でき，へき開の工程が不要なため，大量生産が可能である。他方，活性層の長さ方向が 1 μm 以下と非常に短いため，レーザ発振の条件を満たすために高い利得係数を有する増幅媒質が必要となる。

5.5.3 材料と構造による発光波長の違い

半導体レーザの活性層を構成する材料には III 族原子と V 族原子を組み合わせた III-V 族化合物半導体がある。III-V 族化合物半導体は高品質な結晶が得られる結晶成長技術が開発され，多くの半導体レーザに用いられている。

III-V 化合物半導体の結晶は，III 族原子と V 族原子が 1 対 1 の組成比率であれば，III 族原子（もしくは V 族原子）を他の III 族原子（他の V 族原子）と置き換えることが可能である。このような異なる種類の III 族原子（もしくは V 族原子）を含む結晶のことを混晶と呼ぶ。

III-V 族化合物半導体混晶は，バンドギャップエネルギー E_g を原子比率で大

きく変化させることができ，**表 5.1** に示すように，発光波長の可変幅も大きい。また，5.3.1 項で述べたようにダブルヘテロ構造を形成することでキャリヤを活性層に効率的に閉じ込めることが可能である。

表 5.1 さまざまな化合物半導体と発光波長

材料	発光波長〔nm〕	色
InGaN	400〜530	青紫〜緑
AlGaInP	635〜680	赤
AlGaAs	780〜850	赤外
InGaAs	900〜980	赤外
InGaAsP	1 300〜1 550	赤外
InGaAsSb	2 000 前後	赤外

また，半導体の構造を 10 nm 程度の寸法まで微細化することにより生じる量子的な効果を利用した半導体レーザもある。薄膜化した半導体を層状に積層した**多重量子井戸**（multi-quantum well）や，半導体を微細な粒子状に形成した**量子ドット**（quantum dot）の構造を活性層に利用することによって，しきい値電流を低下させることや発振波長幅を拡大することが可能である。

5.5.4 発光ダイオード

発光ダイオード（**LED**: light emitting diode）は，**図 5.19** に示すように，

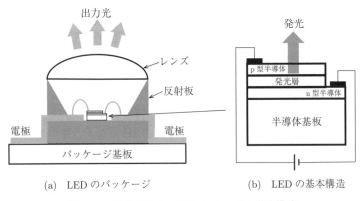

(a) LED のパッケージ　　　(b) LED の基本構造

図 5.19　発光ダイオードのパッケージと基本構造

レーザのように誘導放出を利用した光共振器はなく，自然放出光を効果的に出力させる構造を有している．出力光の位相はそろっていないため高速の光ファイバ通信には向いていないが，高効率で長寿命であることから，ディスプレイや電光掲示板のほかにも，照明や液晶プロジェクタの光源などに利用されている．

表 5.1 に示したように青，緑，赤の三原色の発光が半導体材料で実現できるようになったため，プロジェクタや白色光源が実用化されている．発光ダイオードでは，これ以外に，高輝度の青色 LED を使って，黄色の蛍光体を光らせて，青色光と黄色光を混ぜて白色を得る方式がよく利用されている．この方法では，演色性（反射光による物体の色の見え方）が低い欠点はあるが，光強度のわりに明るく見える特徴がある．

演 習 問 題

【1】 真空中での波長 $\lambda_0 = 1\,\mu\mathrm{m}$ で光子数密度 $S = 10^{11}$ 個$/\mathrm{m}^3$ の光波が，屈折率 2 の媒質中を伝搬している．
  (1) この光波の光子 1 個のエネルギー，光強度，エネルギー密度を求めよ．
  (2) この光波の伝搬方向に対して垂直に置かれた $1\,\mathrm{cm} \times 1\,\mathrm{cm}$ の正方形を通過する光電力を求めよ．

【2】 共振器の長さ $L = 1\,\mathrm{mm}$，ミラーの反射率 $R = 0.9$，媒質の屈折率 $n = 2$，媒質の損失係数 $\alpha = 10\,\mathrm{m}^{-1}$ のレーザが発振している．このときの以下の量を求めよ．
  (1) 媒質の利得係数 γ
  (2) レーザ共振器内の光子の寿命時間 τ_p
  (3) ミラーを通して出力される光子に関する光子寿命 τ_m

【3】 図 5.1 のレーザにおいて，ミラー 1 を反射率 1 の完全なミラーに代えたときの，ミラー 2（反射率 R）を通して出力される光子に関する光子寿命 τ_m を表す式を求めよ．

【4】 自然放出によって，真空中での波長が $0.9\,\mu\mathrm{m}$，光パワーが $4.4\,\mu\mathrm{W}$ の光波を放出している媒質がある．このときの
  (1) 電子が遷移しているエネルギー準位差 ΔE〔J〕
  (2) 単位時間当りに遷移している電子の個数

を求めよ．

【5】 長さ $L = 1\,\text{cm}$ の共振器に屈折率 $n = 2$ の媒質が充填されたレーザの発振条件を考える．
 (1) 整数 m を使って，発振する光波の真空中での波長 λ_0 を求めよ．
 (2) m は十分大きいとして，波長 $\lambda_0 = 1.5\,\mu\text{m}$ のときの縦モード間隔を求めよ．

【6】 $V_g = 1\,\text{V}$，微分量子効率 $\eta_d = 0.6$，$I_{th} = 20\,\text{mA}$ のレーザに $60\,\text{mA}$ の注入電流を流したときの
 (1) 光出力パワー
 (2) 電力変換効率
 (3) スロープ効率
を求めよ．

【7】 半導体レーザと発光ダイオードの違いを素子構造，出力光の特性の面で説明せよ．

【8】 半導体レーザのしきい値電流の温度依存性を測定したところ，$20°\text{C}$ で $44\,\text{mA}$，$50°\text{C}$ で $60\,\text{mA}$ であった．このレーザの特性温度を求めよ．

6 受光素子

受光素子は光信号を電気信号に変換する素子である。5.1 節で扱った光子の吸収を利用し，半導体のバンドギャップエネルギーよりも大きなエネルギーを持つ光子が吸収されることでキャリヤが生成され，そのキャリヤを集めて電気信号とする。本章では，半導体の pin 接合を用いた光検出器を中心に解説する。

6.1 pin フォトダイオード

6.1.1 構造と感度

pin フォトダイオード（pin photodiode）の構造を図 **6.1** に示す。光波は薄い p 型半導体からなる p 層を通して，比較的厚い真性半導体による i 層で吸収される。i 層は，受光する波長に対応したバンドギャップエネルギーをもつ半導体からなる。光子の吸収により i 層で発生したキャリヤが p 層，n 層に流れ

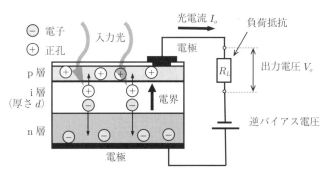

図 **6.1** pin フォトダイオードの基本構造

込むことで電気信号を得る。図 6.2 に pin フォトダイオードのエネルギーバンド構造を示す。ここで，通常は 1～2 V 程度の**逆バイアス電圧**（reversed bias voltage）をかけて，高抵抗の i 層に大きな電界を生じさせ，発生したキャリヤを加速することで応答速度を向上させている。

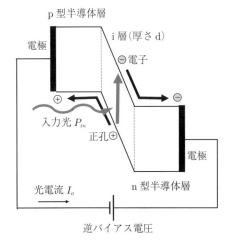

図 6.2　pin フォトダイオードの逆バイアス動作時のエネルギーバンド構造

フォトダイオードに P_{in} の光パワーが入力したときの出力電流である光電流 I_o は

$$I_o = \frac{e\eta}{h\nu} P_{in} \tag{6.1}$$

で表される。ここで，η は量子効率で，光子が入射したときにキャリヤが生成される確率である。光電流 I_o は入力光パワー P_{in} に比例することから，図 6.1 のように，光電流を負荷抵抗 R_L に流すことで，入力光パワーに比例した出力電圧を得ることができる。

また，フォトダイオードの受光感度 s〔A/W〕は入力光パワー P_{in} に対する光電流 I_o の比率であり，次式で表される。

$$s = \frac{e\eta}{h\nu} \tag{6.2}$$

6.1.2 応答特性

図 **6.3**(a) には，一般的なフォトダイオードの電圧-電流特性を示している．電圧，電流ともに順方向を正に取っている．光を照射することにより，式 (6.1) の光電流が逆方向に重畳されるため，グラフ上では通常のダイオード特性が負の方向に平行移動する．ここで，短絡電流 I_{sc} が光電流 I_o に相当する．

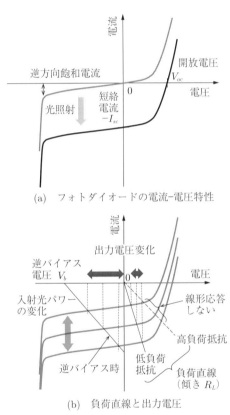

(a) フォトダイオードの電流-電圧特性

(b) 負荷直線と出力電圧

図 **6.3** 光検出回路の特性

負荷抵抗の両端の電圧（出力電圧）は，このグラフに図 (b) のように，傾きが R_L の負荷直線を引くことで求めることができる．バイアス電圧をかけないときは，R_L を大きくすると光電流と出力電圧の比例関係が崩れ，P_{in} の変化に対して電圧出力にひずみが発生する．そのため，大きな R_L を用いることがで

きず，出力電圧変化も大きくできない。

これに対して，逆バイアス電圧 V_b を与えると，R_L を大きくしても線形な出力電圧変化を得ることが可能となり，出力電圧の変化の増大させることができる。このように，フォトダイオードによる光検出では，逆バイアスは出力電圧の増大とひずみの抑圧のための重要な要素である。

6.1.3 応答速度

pin フォトダイオードの応答速度を制限する要因は大きく分けて二つある。一つは i 層内でのキャリヤの走行速度に関する制限で，キャリヤの走行速度を v，i 層の厚さ d とすると，**カットオフ周波数**（cut-off frequency）f_c は近似的に次式で表される。

$$f_c \approx \frac{v}{2d} \tag{6.3}$$

ここで，f_c は動作可能周波数の上限の目安となる周波数で，通常は，素子の出力が，十分低い周波数のときに比べて半分に減少する周波数が用いられる。

また，外部の回路を含めた受光回路の CR 時定数によっても動作速度が制限される。ダイオードの**接合容量**（junction capacitance）を C_d，**負荷抵抗**（load resistance）を R_L とすると，これらによる f_c は次式のように決まる。

$$f_c = \frac{1}{2\pi R_L C_d} \tag{6.4}$$

この二つの f_c により動作周波数の上限が決まる。

C_d は i 層の厚さ d に反比例するため，d を小さくしても，必ずしも f_c が向上するわけではない。i 層の面積を小さくすると，C_d だけを小さくできるので f_c は向上するが，受光面積も小さくなるため入力光パワーが減少し，出力の低下を招くことになる。したがって，高速応答と出力の両立を実現するためには，これらパラメータのバランスを取って，最適化する必要がある。

6.1.4 雑音

フォトダイオードのおもな雑音には**ショット雑音**（shot noise）と**熱雑音**（thermal noise）がある．ショット雑音はキャリヤの発生が統計的な揺らぎをもつために発生するものである．光電流 I_o と暗電流 I_D の和の時間平均を $I_{av} = \langle I_o + I_D \rangle$ とすると，雑音電流の2乗平均 $\langle I_s^2 \rangle$ は

$$\langle I_s^2 \rangle = 2eI_{av}\Delta f_n \tag{6.5}$$

で与えられる．Δf_n は雑音帯域幅である．また，雑音電流は負荷抵抗 R_L に流れることで出力されるので，出力に含まれるショット雑音の平均電力は

$$P_s = 2eI_{av}\Delta f_n R_L \tag{6.6}$$

となる．

一方，熱雑音は抵抗におけるキャリヤの熱揺らぎで発生する．同様に，負荷抵抗 R_L で発生する熱雑音電流の2乗平均 $\langle I_t^2 \rangle$ と，出力に含まれる平均雑音電力は

$$\langle I_t^2 \rangle = \frac{4k_B T \Delta f_n}{R_L} \tag{6.7}$$

$$P_t = 4k_B T \Delta f_n \tag{6.8}$$

で与えられる．ここで，T は素子の絶対温度，k_B はボルツマン定数である．

フォトダイオードの最小受信感度は，これら雑音と信号とのレベルが同じになる（SN 比が1になる）ときの入力光電力で定義され，**雑音等価電力**（**NEP**：noise equivalent power）と呼ばれている．

6.2 イメージセンサ

図 **6.4** に示すように，フォトダイオードを二次元的に配列させたものは**イメージセンサ**（image sensor）と呼ばれ，デジタルカメラなど広い分野に応用され

114　　6. 受 光 素 子

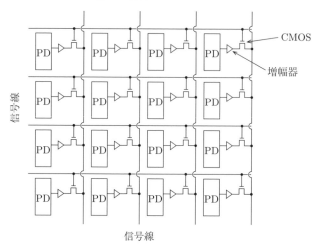

図 **6.4**　CMOS イメージセンサの基本構造

ている。青，緑，赤のフィルタを各素子に組み合わせることにより，カラー画像が得られる。また，集積度を上げることにより高精細な画像が得られるようになっている。

　光信号を電気信号に変換するときの方式により CCD（charge couple device）イメージセンサと CMOS（complementary metal-oxide-semiconductor）イメージセンサがある。CCD イメージセンサは各画素で光を電荷に変換するところまで行う。一方，CMOS イメージセンサは，図 6.4 に示すように，各フォトダイオード（PD）の出力信号を増幅器で増幅し，CMOS トランジスタにより電圧に変換する。電圧信号は縦横の信号線によりデータとして出力される。

6.3　太 陽 電 池

　太陽電池（solar cell）は光エネルギーを電気エネルギーに変換する素子で，光検出器と同様の原理で動作する。近年の再生可能エネルギーの重要性により，その期待も高まっている。太陽電池は，通常は，半導体材料にシリコンを用い，pn 接合のフォトダイオードと基本的な構造は同じである。また，アモルファス

シリコンでは pin 接合構造も用いられる。ただし，逆バイアス電圧は印加せずに動作させる。

太陽電池の最も重要な動作パラメータは太陽光エネルギーから電気的エネルギーへの変換効率である。太陽電池の電流-電圧特性は，図 6.3 のフォトダイオードの特性と基本的には同じであり，図 **6.5** に示すように，光を照射しない状態ではダイオードの特性となり，この太陽電池に光照射を行うと電流-電圧特性は次式のように変化する。

$$I = I_0 \left(e^{\frac{eV}{k_B T}} - 1 \right) - I_{sc} \tag{6.9}$$

ここでは，pn 接合の理想ダイオード特性を仮定しており，I_0 は逆方向飽和電流，e は電気素量，k_B はボルツマン定数，T は絶対温度である。I_{sc} は短絡電流と呼び，太陽電池を短絡したとき（電圧が 0）に流れる電流で，開放したとき（電流が 0）電圧を V_{oc} として開放電圧と呼ぶ。

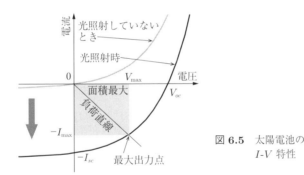

図 **6.5** 太陽電池の I-V 特性

この太陽電池から得られる電力は図 6.5 の灰色部分の面積で示される。面積が最大となるときの電流を $I_{\max}$，電圧を $V_{\max}$ とし，太陽光の入力パワーを P_{in} とするとエネルギー変換効率 η は

$$\eta = \frac{I_{\max} V_{\max}}{P_{in}} \tag{6.10}$$

となる。このときの動作点は，図に示した負荷直線に対応する入力インピーダンスをもつ集電回路に太陽電池を接続することによって実現される。

また

$$FF = \frac{I_{\max} V_{\max}}{I_{sc} V_{oc}} \tag{6.11}$$

は曲線因子と呼ばれる係数で，I_{sc} と V_{oc} から実際の出力を見積もるための指標となる．

演 習 問 題

【1】 真空中の波長が $1\,\mu\mathrm{m}$ で，光パワー $10\,\mathrm{mW}$ の光波が，量子効率 0.6 のフォトダイオードに入射している．
(1) フォトダイオードへの単位時間当りの入射光子数と光電流を求めよ．
(2) このフォトダイオードの受光感度を求めよ．

【2】 フォトダイオードを使って，気温 $25°\mathrm{C}$，負荷抵抗 $50\,\Omega$，帯域幅 $1\,\mathrm{GHz}$ で光信号を検出している．いま，雑音においては熱雑音が支配的であるとして
(1) 平均雑音電力を求めよ．
(2) このフォトダイオードの受光感度が $1\,\mathrm{A/W}$ であるとして，雑音等価電力を求めよ．

【3】 作製したある太陽電池（$5\,\mathrm{cm}$ 角）は $V_{\max} = 0.7\,\mathrm{V}$，$I_{\max} = 1\,\mathrm{A}$ であった．この太陽電池の最大効率を求めよ．ただし，太陽光の光電力を $1\,000\,\mathrm{W/m^2}$ とし，電極の効果は無視できるものとする．

7 光変調

　光を使ってなんらかの情報を伝えるためには，光波の性質のうち少なくとも一つを変化させる必要がある．波動を特徴づけるパラメータ（振幅・位相・周波数）を変化させることを一般に**変調**（modulation）と呼ぶ．逆に変調された信号から情報を取り出すことを**復調**（demodulation）と呼ぶ．変調という用語はもともと電気信号に対して定義されていたので，光波に対する変調のことを特に**光変調**（optical modulation）と呼ぶ．電気信号に対する変調と光信号に対する光変調は数学的には違いはないが，その周波数の大きな差から，それを実現するためのデバイスや物理的性質が大きく異なる．本章では，光変調のためのデバイスである光変調器とその応用について説明する．

7.1 変調と帯域幅

　情報を光波にのせるために変調を行うと，周波数軸上で見た光波のスペクトルに変化が生じる．具体的には情報がもつ周波数帯域幅に比例してスペクトル幅（周波数軸での幅）が広がるという現象が発生する．ここでは，変調による光波のスペクトル変化について，簡単なモデルで説明する．

7.1.1 変調動作のモデル化

　単一の周波数（波長）の光波は 1.1 節の式 (1.1) で示したように正弦波で表すことができる．光変調を表すときには場所 z を固定して考えるのでこの位置を $z=0$ とし，光波の電界振幅 E_{in} は実関数表示で表すと

7. 光変調

$$E_{in}(t) = A_0 \cos(\omega_0 t + \phi_0) \tag{7.1}$$

となる。式 (1.1) では $\omega_0 t + \phi_0$ に相当する部分を位相と呼んでいたが，光変調や**光通信**（optical communications）の議論をする際には，A_0 を正弦波の振幅，ω_0 を角周波数，ϕ_0 を位相と呼ぶ[†1]。位相 ϕ_0 は式 (1.1) では初期位相と呼ばれていたものに相当する。この E_{in} は変調を受けていない信号で，変調器の入力に相当するものであるので，以降，入力光と呼ぶ。

図 **7.1** に光変調の構成を示す。**光変調器**（optical modulator）に入力光（E_{in}）と電気信号（変調信号の波形：$s(t)$）[†2]を入力し，出力信号として，出力光（被変調信号の電界振幅：E_{out}）を得る。

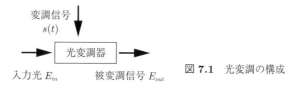

図 **7.1** 光変調の構成

変調は振幅，位相，周波数の少なくとも一つの要素を時間的に変化させる作用を指す。振幅を変化させる場合を**振幅変調**（**AM**: amplitude modulation），位相を変化させる場合を**位相変調**（**PM**: phase modulation），周波数を変化させる場合を**周波数変調**（**FM**: frequency modulation）と呼ぶ。振幅，位相，周波数の三つの要素のうち，複数を同時に変化させる場合もある。

時間的に変化する振幅と位相を $A(t)$，$\phi(t)$，また，角周波数を $\omega(t)$（周波数を $\omega(t)/2\pi$）とすると，変調を受けた信号（被変調信号）E_{out} は

$$E_{out}(t) = A(t) \cos[\omega(t)t + \phi(t)] \tag{7.2}$$

で表すことができる。位相と周波数はともに三角関数の引き数，つまり，角度

[†1] 光波の空間的広がりを考え，等位相面で波動の様子を理解しようとする場合には式 (1.1) で示した位相の定義がなされるが，光変調や光通信など時間波形を議論の中心にする場合にはここで定義する位相，周波数が用いられる。

[†2] 光変調の動作原理により，光に直接作用を及ぼすものが，電界，電流，電力とさまざまな場合がある。本書でおもに説明する電気光学効果による光変調では電界振幅が $s(t)$ に相当する。7.3 節参照。

に相当する部分であるので，位相変調と周波数変調をまとめて**角度変調** (angle modulation) として扱うことができる。以下では，振幅変調と角度変調で生じるスペクトルの変化について説明する。

7.1.2 振幅変調

最も簡単な場合として，位相，周波数は一定で，振幅のみが変化する振幅変調を考える。振幅 $A(t)$ を

$$A(t) = 1 + s(t) \tag{7.3}$$

で表す。ここで，$s(t)$ は任意の実関数であるとする。単純な正弦波

$$s(t) = M \cos \omega_m t \tag{7.4}$$

による変調を考える。$f_m = \omega_m/2\pi$ を変調周波数，M を変調度と呼ぶ。

位相，周波数は一定であると仮定して，$\omega(t) = \omega_0$, $\phi(t) = \phi_0$ とする。位相は時間軸を適当に設定することで，$\phi_0 = 0$ としても一般性を失わない。振幅 $A(t)$ は

$$A(t) = 1 + M \cos \omega_m t \tag{7.5}$$

であるので，被変調信号は

$$E_{out}(t) = (1 + M \cos \omega_m t) \cos \omega_0 t \tag{7.6}$$

となる。ここで，三角関数の積和の公式

$$\cos \alpha \, \cos \beta = \frac{1}{2} [\cos(\alpha + \beta) + \cos(\alpha - \beta)] \tag{7.7}$$

を用いると，変調を受けた信号は

$$E_{out}(t) = \cos \omega_0 t + \frac{M}{2} [\cos(\omega_0 + \omega_m)t + \cos(\omega_0 - \omega_m)t] \tag{7.8}$$

と表すことができる。

これは，振幅変調により，変調を受ける前の角周波数 ω_0 をもつ成分に加えて，

角周波数 $\omega_0 + \omega_m$ と $\omega_0 - \omega_m$ の成分が発生することを示している。これらの新しく発生した成分を**サイドバンド**（sideband）と呼ぶ。サイドバンドを側波帯もしくは側帯波と呼ぶこともある。変調を受ける前には一つの周波数成分からなっていた光波が，振幅変調により三つの周波数成分をもつ信号に変換される。サイドバンドのうち周波数が大きくなったものを**上側波帯**（**USB**: upper sideband），周波数が小さくなったものを**下側波帯**（**LSB**: lower sideband）と呼ぶ。また，変調を受ける前の周波数成分を**搬送波**（carrier）成分と呼ぶ。搬送波，上側波帯，下側波帯の周波数は，それぞれ，f_0，$f_0 + f_m$，$f_0 - f_m$ となる。ここで，$2\pi f_0 = \omega_0$，$2\pi f_m = \omega_m$ である。単一周波数（f_0）であった光波が，変調を受けることにより，周波数 f_0 を中心に，$\pm f_m$ の周波数の広がりを信号が発生することを示している。これは変調により周波数 f_m の情報を入力光にのせると，光波のもつ周波数成分の幅（帯域幅）が広がることを意味する。正弦波で表される入力光は帯域幅ゼロであるが，被変調信号は変調周波数の 2 倍の帯域幅をもつ。

つぎにより一般的な変調信号の場合を考える。複数の周波数成分からなる変調信号は

$$s(t) = \sum_{N=1}^{N_m} M_N \cos\left(\omega_{m_N} t + \phi_N\right) \tag{7.9}$$

で表すことができる。ここで，変調信号のもつ周波数成分は N_m 種類であるとした。

振幅は

$$A(t) = 1 + \sum_{N=1}^{N_m} M_N \cos\left(\omega_{m_N} t + \phi_N\right) \tag{7.10}$$

となるので，被変調信号は

$$\begin{aligned} E_{out}(t) = \cos\omega_0 t + \sum_{N=1}^{N_m} \frac{M_N}{2} &[\{\cos(\omega_0 + \omega_{m_N})t + \phi_N\} \\ &+ \{\cos(\omega_0 - \omega_{m_N})t - \phi_N\}] \end{aligned} \tag{7.11}$$

となる。これは複数の周波数成分からなる信号により変調された場合，各周波

数成分ごとに上側波帯，下側波帯成分が発生することを意味している．$f_{N_m} = \omega_{N_m}/2\pi$ が最も大きな周波数であるとすると，被変調信号の周波数の広がりは f_0 を中心に $\pm f_{N_m}$ の範囲となることがわかる．

変調信号の基本周波数が $f_m = \omega_m/2\pi$ であるとすると，フーリエ展開により

$$s(t) = \sum_{N=1}^{\infty} M_N \cos\left(N\omega_m t + \phi_N\right) \tag{7.12}$$

となるが，高次の成分は一般に小さく，また，実際の電子回路などで伝えることのできる周波数に上限があるために，N を無限に高い次数まで考える必要はない．周波数の上限を $N_m f_m$ として，$\omega_{m_N} = N\omega_m$ であるとすると，式 (7.12) は式 (7.9) と一致する．

より一般的な変調信号を示すために搬送波成分に対応する式 (7.10) の第一項を 1 から M_0 に変更して，$\omega_{m_0} = \phi_0 = 0$ とすると，振幅は

$$A(t) = \sum_{N=0}^{N_m} M_N \cos\left(\omega_{m_N} t + \phi_N\right) \tag{7.13}$$

で表される．

7.1.3　角度変調

ここでは周波数もしくは位相に対する変調を考える．式 (7.2) の $\omega(t)$ による変調が周波数変調，$\phi(t)$ による変調が位相変調に相当する．ともに，三角関数の引き数を変化させることに相当するので，周波数変調および位相変調，もしくはこれらを同時に作用させたものを角度変調と呼ぶ．各時刻での位相（瞬時位相）$\Phi(t)$ を入力光の角周波数 ω_0 による正弦波振動からのずれとして

$$\Phi(t) \equiv [\omega(t) - \omega_0]t + \phi(t) \tag{7.14}$$

と定義すると，式 (7.2) は

$$E_{out}(t) = A(t) \cos\left[\omega_0 t + \Phi(t)\right] \tag{7.15}$$

となる．つまり，周波数変化，位相変化をまとめて議論することができることがわかる．

搬送波周波数 f_0 を基準としてみたときにそこからの周波数変化 $\Delta f(t)$ は

$$\Delta f(t) = f(t) - f_0 = \frac{1}{2\pi} \frac{d\Phi(t)}{dt} \tag{7.16}$$

と瞬時位相の微分で表されるので，A と Φ の二つの要素で被変調信号を一般的に表現可能である。ここで，$f(t)$ は特定の時刻 t での周波数を表すもので瞬時周波数と呼ばれる。例えば，瞬時位相 Φ が一定の微係数で増加し続けるときに，$\Delta f > 0$ で一定，つまり，瞬時周波数は搬送波周波数より高い値で一定値となる。

三角関数の加法定理から式 (7.15) は

$$E_{out}(t) = A(t)\cos\Phi(t)\ \cos\omega_0 t - A(t)\sin\Phi(t)\ \sin\omega_0 t \tag{7.17}$$

$$= A_I(t)\cos\omega_0 t - A_Q(t)\sin\omega_0 t \tag{7.18}$$

と表すことができる。ここで

$$A_I(t) \equiv A(t)\cos\Phi(t) \tag{7.19}$$

$$A_Q(t) \equiv A(t)\sin\Phi(t) \tag{7.20}$$

と定義した。これらの $A_I(t)$ と $A_Q(t)$ に対して式 (7.13) の $A(t)$ と同様の議論をすることで，角度変調の場合も振幅変調と同じく上側波帯，下側波帯が発生し，被変調信号のスペクトル幅が広がることがわかる。

入力光の時間変化を表す $\cos\omega_0 t$ を基準としたフェーザ表示を考える。本書では以降，ω_0 を基準角周波数と呼ぶ。図 **7.2** に示すように，$A_I(t)$ は $\cos\omega_0 t = \mathrm{Re}[e^{j\omega_0 t}]$ に比例する実数成分に，$A_Q(t)$ は $\cos\omega_0 t$ に対して位相が $\pi/2$ 進ん

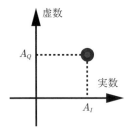

図 **7.2** 角度変調された信号をフェーザ表示したもの

だ $\sin\omega_0 t$ に比例する虚数成分に，それぞれ相当する．これらは時間的に変化するので，フェーザ表示で二次元的に光波の状態が変化することになる．また，$\cos\omega_0 t$ と同じ位相をもつという意味で $A_I(t)$ を $\boldsymbol{I}$ (in-phase) 成分と呼ぶ．そのとき，$A_I(t)$ は，基準となる $\cos\omega_0 t$ に対して直交する $\sin\omega_0 t$ に相当するという意味で $\boldsymbol{Q}$ (quadrature) 成分と呼ばれる．6.3.5 項や 8.3.4 項で述べるように入力光の角周波数を基準角周波数としたフェーザ表示は各種の変調信号を表示するのに適しており，広く用いられている．

角度変調によるサイドバンド発生は厳密には，ベッセル関数による説明が必要となる．詳細は参考文献10) を参照のこと．

7.1.4 被変調信号の帯域幅

振幅変調，角度変調のいずれの場合においても，変調信号に対応した側波帯 (USB, LSB) が発生することがわかる．変調信号（電気入力）の周波数広がりが f_k であるとすると，被変調信号（光出力）は

$$\Delta f = 2f_k \tag{7.21}$$

の周波数広がりをもったものとなる．電気信号の周期は周波数で表されることが多いが，光信号に対しては波長による表現がよく使われる．本章では特に断りがない限りすべて真空中の波長で光波を表現する．光の波長 λ と周波数 f の間には $f = c/\lambda$ が成り立つので，波長広がりの大きさ $\Delta\lambda$ は

$$\Delta\lambda = \left|\left(\frac{df}{d\lambda}\right)^{-1}\right|\Delta f \tag{7.22}$$

$$= \frac{\lambda^2}{c}\Delta f \tag{7.23}$$

で表される．ここで

$$\frac{df}{d\lambda} = -\frac{c}{\lambda^2} \tag{7.24}$$

を用いた．

波長はシングルモード光ファイバの損失が小さい 1550 nm や，分散が小さい

1310 nm 付近を用いることが多い. ここで, $\Delta\lambda \ll \lambda$ と仮定した. 光通信で用いられる高速光変調においては f_k は 100 GHz 以下であり, この仮定の範囲に十分収まっている. Δf が GHz, $\Delta\lambda$ が nm を単位とする場合

$$\Delta\lambda = 3.3 \times 10^{-9} \lambda^2 \Delta f \tag{7.25}$$

となる. λ が 1550 nm, 1310 nm, 633 nm のときの Δf と $\Delta\lambda$ の関係を図 **7.3** に示す. 例えば, 波長 1550 nm において, Δf が 100 GHz (f_k : 50 GHz) のとき, 波長の広がりは 0.8 nm となる.

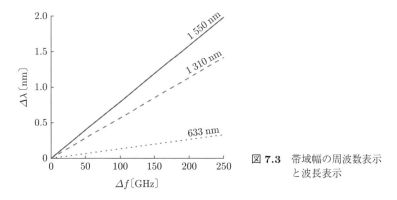

図 **7.3** 帯域幅の周波数表示と波長表示

7.2 直接変調と外部変調

光変調では電気信号で光波の状態を変化させる. 光源そのものを変化させる直接変調と, 一定の状態に保たれた光源から発生した光波を別個のデバイスで制御する外部変調の二つの方法に大別される.

7.2.1 直接変調

直接変調では図 **7.4** に示すような構成で, レーザに電源として供給されている電流 (注入電流) を変化させることで, 出力される光波の強度 (振幅の 2 乗) を変化させる. 光源自体を直接的に変化させる方法であるので, 直接変調と呼ばれる. しかし, 5 章に示したとおりレーザの応答速度は緩和振動で制限され

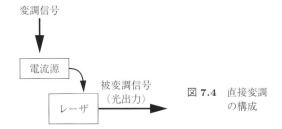

図 **7.4** 直接変調の構成

ており，高速動作に限界がある。また，出力光の強度と周波数（波長）はともに注入電流に依存する。これは直接変調では強度とともに周波数の変化も生じるということを意味しており，光信号の帯域幅が変調信号のもつ帯域幅よりもはるかに大きくなることがある。このような，強度変化に寄生的に発生する光位相や周波数の変化は**チャープ**（chirp）と呼ばれている。図 **7.5** にチャープがある場合とない場合の光波の振幅変化の様子を模式的に示す†。

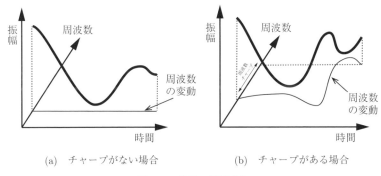

(a) チャープがない場合 　　(b) チャープがある場合

図 **7.5** 光波の振幅変化

　直接変調では簡単な構成で変調信号を発生することができるという特徴があり，さまざまな分野で幅広く利用されている。一方で，動作速度の限界，チャープによる変調の精度低下などの課題があり，高速・長距離伝送システムなどの精度と速度を必要とする分野では，つぎに述べる外部変調が用いられることが多い。

---

† レーザの直接変調では，波長変化が主で，強度もあわせて変化しているとみることもでき，波長調整もしくは光周波数変調に注入電流が使われることもある。また，周波数変化を強度変化に変換する機構（光フィルタなど）を用いることで，チャープの少ない高速の強度変調信号を得ることも可能である。

7.2.2 外部変調

外部変調ではレーザ光源から発生する一定の入力光に対して，光源の外部に設けた変調器で光の振幅や位相を高速に変化させる（図 7.6 参照）。変調器は光入力と電気入力をもち，電気入力に比例して入力された光波の振幅や位相を高速に変化させる機能を実現する。外部変調では光源からの出力は一定で，振幅，位相，周波数を個別の高精度かつ高速に制御することが可能である。

図 7.6　外部変調の構成

[1] **外部変調に用いる物理現象**　変調器では電圧または電流の変化で光の屈折率や吸収率が変化する材料を利用する。光の屈折率，吸収率は温度，圧力，電流量，電界などのさまざまな要因で変化するが，応答速度の速さや変調の効率が重要であり，高速変調に用いることができる物理現象は限られている。おもに，電界に応じて光の吸収率が変化する**電界吸収**（**EA**: electro-absorption）効果と，屈折率が変化する**電気光学**（**EO**: electro-optic）効果が高速光変調に利用されている。電界以外の物理量による光学的性質の変化を生じるものとして，**磁気光学**（**MO**: magneto-optic）効果，**熱光学**（**TO**: thermo-optic）効果などがあげられる。それぞれ，電気信号で磁界の強さ，温度を制御することで，光変調に用いることが可能であるが，磁界，温度を高速で変化させることの困難さから高速変調に用いられることはない。ほかに，**音響光学**（**AO**: acousto-optic）効果があげられる。電気信号で超音波振動を基板内に発生させ，その音波と光の相互作用を用いるものである。数百 MHz 程度の高周波信号に応答することが可能で，計測用などに用いられている。

[2] **電界吸収効果による変調**　半導体は 5 章で述べたようにバンドギャップ以上のエネルギーをもつ光子を吸収するが，電圧印加でバンドギャップをシフトさせることが可能で，この現象を**フランツ・ケルディッシュ効果**（Franz-Keldysh effect）と呼ぶ。バンドギャップ付近に入力光波長を選ぶと，印加電

界に応じて出力光を大きく変化させることができる。これが，電界吸収（EA）光変調器の基本原理である。特定の場所に電子が閉じ込める構造（量子井戸と呼ばれる）を用いるとこの効果をより大きくすることができる（量子閉じ込めシュタルク効果と呼ぶ）。このため，実用的な EA 変調器では量子井戸構造が用いられることが多い。

〔3〕 **電気光学効果による変調**　　一方，電気光学（EO）光変調器は誘電体の屈折率が電界に比例して変化するという**ポッケルス効果**（Pockels effect）を利用する。電気光学（EO）効果は，電界変化による吸収率や屈折率などの光学的性質の変化全般を指すこともある。屈折率変化が電界の 2 乗，3 乗に比例する効果も存在しうる。光変調器として広く用いられているのは電界強度に比例するポッケルス効果であり，ここでは EO 効果はポッケルス効果を指すものとする。

EO 効果のための材料としては**ニオブ酸リチウム $LiNbO_3$**（**LN**: lithium niobate）や**タンタル酸リチウム $LiTaO_3$**（**LT**: lithium tantalate）などの強誘電体が広く利用されている。数百 GHz に至る高速の電界変化にまで応答することが知られている。これらは EO 材料と呼ばれる。また，バンドギャップが光ファイバ伝送に用いる 1.5 μm に近いガリウムヒ素（GaAs）やインジウムリン（InP）などの半導体も用いられる。最近ではポリマーなどの有機 EO 材料の開発も進められている。

〔4〕 **屈折率変化と強度変調**　　屈折率が変化すると，変調器内で光波の位相が変化する。**図 7.7** に示すように，屈折率が増加すると，光が通過する部分の長さが一定であっても，そこを通過するために必要な時間が増加し，位相が遅れる。逆に屈折率を減少させると，位相を進めることができる。しかし，一

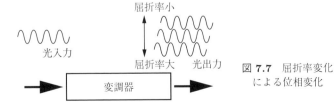

図 7.7　屈折率変化による位相変化

般に用いられている変調方式は**強度変調**（intensity modulation）である．光波の位相は 10.4 節で述べるように一定ではなく揺らぎがあり，位相変調信号の復調には 8.2.5 項で述べるような**デジタルコヒーレント**（digital coherent）を用いる必要がある．そのため，実際の光通信システムでは強度変調が用いられることが多い．屈折率変化から，強度変調信号を得るには，光位相変化を振幅もしくは強度変化に変換するメカニズムが必要となる．

光干渉計を用いて，光位相差から振幅変化を得るという構成が用いられている．干渉計としては，マイケルソン干渉計，ファブリ・ペロー干渉計，マッハ・ツェンダー干渉計などがよく知られているが，4.1 節で述べたように，光集積回路としての構成のしやすさと，安定した光波長特性，温度特性を得ることが可能であるために，光変調器ではもっぱらマッハ・ツェンダー干渉計が用いられている．このような変調器をマッハ・ツェンダー（MZ）変調器と呼ぶ．

MZ 変調器は理想的な振幅変調を可能とするので，これを並列にすることで，フェーザ表示した際の光波の実数部 I と虚数部 Q を個別に制御することができる．これを IQ 変調器または二並列 MZ 変調器と呼び，最新の高速大容量光通信システムにおいて広く用いられている．詳細は 7.3.5 項および 8.2.4 項で紹介する．

〔5〕 **シリコン変調器**　　最近，シリコン（Si）を用いた光集積回路の開発が進められており，これらの分野をシリコンフォトニクスと呼ぶ．これまでの光デバイスは InP や GaAs などの化合物半導体や，LN などの EO 材料が用いられていたが，電子デバイスで広く利用されているシリコンで光回路を作ることが可能となると，大幅な低コスト化が期待される．シリコンは可視光に対しては不透明であるが，光ファイバ通信でよく使う波長 1.5 μm 帯では透明であり，光導波路を作製することが可能である．シリコンフォトニクスにおける光変調はキャリヤ（電子と正孔）の密度を変化させることで屈折率や吸収率が変化する効果（キャリヤプラズマ効果）により実現される．変調速度や精度の面では既存の変調器には劣るものの，量産性の面で期待されている．

〔6〕 **強度変調と振幅変調**　　光変調のなかで強度変調は，最も簡単な構成

で電気信号への変換が可能であるため，広く用いられてきた。振幅変調と強度変調という呼称は，ほぼ同義として混用されることがあるが，本来，振幅変調は振幅のみを変化させ，位相・周波数は一定に保つのが理想であるのに対して，強度変調は出力光強度の変化のみに注目するという点が異なる。つまり，強度変調を用いたシステムでは，位相・周波数の変動（チャープ）が多少生じても光受信器側に大きな影響を与えないという考え方である。実際には，長距離伝送システムなどでは強度変調を用いた場合においても，8.1.2項で説明するような波長分散の影響で，チャープがシステム性能に影響を与えることがあり，適切な変調技術の選択が重要である。

7.3 電気光学効果による光変調

ここでは，LNを用いた変調器を前提として，動作原理について説明する。理想的なEO効果が得られ，簡単なモデルでその動作が精度よく説明できるという点が特徴である。半導体を用いたEO変調器においてはEA効果により寄生的に発生する透過率変化などへの注意が必要であるが，基本動作は同様に理解できる。

7.3.1 ニオブ酸リチウムのもつ電気光学効果

LNは**強誘電体**（ferroelectric）であり，その分極方向を分極軸または光学軸と呼ぶ。一般に，結晶構造は三つの軸：a軸，b軸，c軸を用いて表現される（六方晶系は四つの軸をもつ）。通常，光学軸をc軸とする。

LNは複屈折材料であり，c軸を基準とした電界方向に屈折率が依存する。c軸と平行な電界をもつ光波を異常光線，直交する電界をもつものを常光線と呼ぶ。波長1550 nmにおける常光線に対する屈折率 n_{0o} は2.223，異常光線に対する屈折率 n_{0e} は2.143である。

c軸と印加電界，光波の電界の方向によってEO効果の作用が異なる。以下ではc軸が z 方向となっている場合を考える。$n_i (i=1,2,3)$ が光波の電界の

x, y, z 方向の各成分に対する屈折率であるとすると,ポッケルス効果による屈折率変化 Δn_i は

$$\Delta n_i = -\frac{n_i^3}{2} r_{ij} E_j \tag{7.26}$$

で表される.$E_j (j = 1, 2, 3)$ は印加電圧の x, y, z 方向成分であり,r_{ij} が EO 効果の大きさを表す,EO 係数である.よって,r_{13}, r_{23}, r_{33} は c 軸を z 方向としたときの,z 方向の印加電界による光波の x, y, z 方向の各成分に対する EO 効果の大きさを表す.同様に r_{11}, r_{21}, r_{31} は x 方向の印加電界,r_{12}, r_{22}, r_{32} は y 方向の印加電界による EO 光学効果に相当する.

最も強い EO 効果が現れるのは,c 軸と印加電界,光波電界がすべて平行になる場合である.LN の場合,異常光線に対する c 軸方向の電界変化に対するポッケルス効果の大きさは電気光学係数 $r_{33} = 30.8 \times 10^{-12}$ m/V で表される.常光線に関する電気光学係数は $r_{13} = 8.6 \times 10^{-12}$ m/V で,異常光線における効果に対して 1/3 程度である.また,対称性より $r_{23} = r_{13}$ となる.

LN では異常光線に対するポッケルス効果が最も大きく,効率の高い変調を得るために,図 **7.8** に示すような異常光線として伝搬させ,c 軸に沿った印加電界の変化による屈折率変化を得るデバイス構造が一般的である.

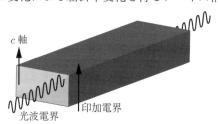

図 **7.8** 異常光線に対する電気光学効果

7.3.2 電気光学効果による光変調の原理

ここでは電気光学効果による光変調の原理を概説する.実際の光変調器で用いられている構造や,より詳細な動作については次節以降に示す.

〔1〕位相変調　図 **7.9** に示すような構造で,電気光学効果を有する媒質に,対向する一対の電極を形成し,電極間に電圧 V を印加して媒質内に電界を

7.3 電気光学効果による光変調

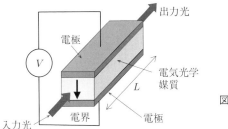

図 7.9 EO 効果による光位相変調器

与える。入力光 E_{in} を

$$E_{in} = E_0 e^{j\omega_0 t} e^{j\Phi_0} \qquad (7.27)$$

と表される光振幅，周波数，位相が一定の単色光であるとする。ω_0 と E_0 は入力光の角周波数と振幅である。光変調は光入力に対しては線形な現象であるので，ω_0 を基準角周波数とするフェーザ表示を用いる。光周波数と真空中の波長はそれぞれ $f_0 = \omega_0/2\pi$，$\lambda_0 = c/f_0$ となる。一方，変調信号と被変調信号は線形の関係にないので，変調信号に対してフェーザ表示を用いることはできない。

印加電界，光波電界ともに c 軸に平行であるとすると，EO 効果による屈折率変化 $\Delta n(t)$ は式 (7.26) より

$$\Delta n(t) = -n_0^3 r_{33} F(t)/2 \qquad (7.28)$$

となる。ここで，$F(t)$ は変調信号の電圧による印加電界である。変調信号を印加しないときの光波に対する屈折率 $n_0 = n_{0e}$ とすると，異常光線（電界が c 軸に平行な光波成分）に対する屈折率は

$$n = n_0 + \Delta n(t) \qquad (7.29)$$

で表すことができる。実際の変調器における屈折率変化 Δn は $10^{-4} \sim 10^{-5}$ 程度である。

位相定数を k とすると，光波が図 7.9 に示すように距離 L 伝搬したときの位相遅れ φ は

$$\varphi = kL = \frac{2\pi n L}{\lambda_0} = \frac{2\pi L}{\lambda_0}[n_0 + \Delta n(t)] = \varphi_0 + \Delta\varphi \qquad (7.30)$$

$$\varphi_0 \equiv \frac{2\pi n_0 L}{\lambda_0} \tag{7.31}$$

$$\Delta\varphi \equiv \frac{2\pi \Delta n L}{\lambda_0} = \varphi_0 \frac{W}{n_0} V \tag{7.32}$$

で表される。

ここで，W は屈折率変化 Δn と変調信号の電圧 V の比例係数である．次項で定義する変調効率を表す指標で，電極や光導波路の構造によって決まる係数である．$\Delta\varphi$ が変調信号の電圧に比例しており，光の位相が電圧で制御できることがわかる．実際の出力光（被変調光）E_{out} は

$$E_{out} = E_0 e^{j(\omega_0 t - \varphi)} e^{j\Phi_0} = E_0 e^{j\left\{\omega_0 t - \varphi_0\left(1 + \frac{W}{n_0}V\right) + \Phi_0\right\}} \tag{7.33}$$

となる（変調器内部での光損失は無視した）．Φ_0 は入力光の初期位相（変調器の入力部での時刻 $t = 0$ での光波の位相）である．時刻の原点の定義に依存する値で，一般に初期位相の絶対値が物理的意味をもつことはない．以下では

$$\Phi_0 = \varphi_0 \tag{7.34}$$

として，出力光の初期位相が時刻 $t = 0$ でゼロとなる表記を用いることとする．式 (7.33) は

$$E_{out} = E_0 e^{j\left(\omega_0 t - \varphi_0 \frac{W}{n_0} V\right)} = E_0 e^{j\left(\omega_0 t - \frac{2\pi L}{\lambda_0} W V\right)} \tag{7.35}$$

となり，位相変調が実現していることがわかる．電圧の変化に対して位相変化に負号がついているのは，電圧変化で屈折率が増大し，それにより伝搬に要する時間が増え，位相が遅れることを意味している．

〔2〕**強度変調** EO 効果による強度変調では，4.1.1 項に示した MZ 干渉計を用いて，位相変化を強度変化に変換する．そのための構成例を図 **7.10** に示す．MZ 干渉計の二つの光路（光路 1，2）のそれぞれに上記の位相変調器を置く．二つの変調器での位相変化の大きさは等しくその符号が逆であるとする．これを**プッシュプル動作**（push-pull operation）というが，詳細は 7.3.4 項を参照されたい．

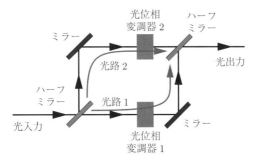

図 **7.10** MZ 干渉計による強度変調

二つの位相変調器に印加する電圧は V で等しいとすると,二つの光路の間で発生する位相差は $2\Delta\varphi$ となり,式 (4.2) より,入力光に対する出力光の光電力透過率は

$$T_A = \frac{1+\cos 2\varphi}{2} = \frac{1}{2}\left[1+\cos\left(2\frac{2\pi L}{\lambda_0}WV\right)\right] \tag{7.36}$$

と表される。

入力光強度を一定にすれば,出力光強度が電圧 V で変調されることがわかる。図 **7.11** は $2\Delta\varphi$ に対する T_A の変化を表している。T_A は周期的に変化し,$2\Delta\varphi$ が π 変化すれば,T_A が極大から極小に変化する。そこで,$2\Delta\varphi$ が π 変化するのに必要な電圧変化量を MZ 変調器の**半波長電圧**(half-wave voltage)$V_{\pi\mathrm{MZM}}$ と呼び,変調の感度を表す指標として用いられている。

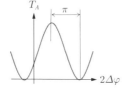

図 **7.11** MZ 変調器における光位相変化と出力光強度の関係

図 7.10 の構成の $V_{\pi\mathrm{MZM}}$ は

$$V_{\pi\mathrm{MZM}} = \frac{\lambda_0}{4LW} \tag{7.37}$$

となる。$V_{\pi\mathrm{MZM}}$ は,小さいほうが感度が高く,高効率な変調が行えることにな

る。$V_{\pi\mathrm{MZM}}$ を使えば，式 (7.36) は次式のように表される。

$$T_A = \frac{1}{2}\left[1 + \cos\frac{\pi V}{V_{\pi\mathrm{MZM}}}\right] \tag{7.38}$$

ここで，印加電圧 V は，信号電圧 V_m に直流のバイアス電圧 V_b が足し合わされた $V = V_m + V_b$ であるとする。$\pi V_b/V_{\pi\mathrm{MZM}} = -\pi/2 + 2N\pi$（$N$ は整数）となるように V_b を設定したとすると，式 (7.38) は

$$\begin{aligned}T_A &= \frac{1}{2}\left[1 + \cos\left(-\frac{\pi}{2} + 2N\pi + \frac{\pi V_m}{V_{\pi\mathrm{MZM}}}\right)\right]\\&= \frac{1}{2}\left[1 + \sin\left(\frac{\pi V_m}{V_{\pi\mathrm{MZM}}}\right)\right]\end{aligned} \tag{7.39}$$

となる。このように設定されたバイアスのことを $\pi/2$ バイアスと呼ぶ。図 **7.12** は V_m が交流電圧であるときの T_A の変化を示したものである。V_m にほぼ比例した線形に近い光強度変調が得られることがわかる。V_m が $V_{\pi\mathrm{MZM}}$ に比べて十分小さい小信号で動作しているときには (7.39) は

$$T_A \simeq \frac{1}{2}\left[1 + \left(\frac{\pi V_m}{V_{\pi\mathrm{MZM}}}\right)\right] \tag{7.40}$$

と近似でき，V_m に対して線形な変調動作となる。

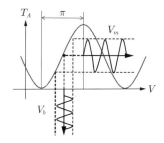

図 **7.12** 交流信号による光強度変調

7.3.3 光位相変調器の実際

実際の光変調器では図 **7.13** に示すような導波路構造が用いられる。光導波路に沿った変調電極に印加した電圧で光導波路の屈折率を制御する。7.3.2 項で示したように，屈折率の増減により光位相を変化させることが可能となる。図 **7.14** に断面図を示す。電極近くの電界が集中する部分に光導波路を設けること

図7.13 EO効果による導波路型光位相変調器

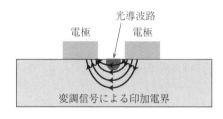

図7.14 導波路形光位相変調器の断面

で，変調信号の電界で効率よく，屈折率変化を得ることができる。

LNを用いた変調器の場合，チタン（Ti）拡散による導波路が一般的である。Tiを熱拡散し，屈折率が高い部分をつくる。シングルモード光ファイバとTi拡散導波路はモード形状およびサイズの差が小さく，ファイバと光変調器の間の光結合効率を高くすることが容易であるという点が特長である。

光位相変調は各種光変調技術のベースとなるもので，光の振幅や周波数などの制御を可能とする重要な要素技術であるが，光位相変化そのものを通信に用いるときにはその安定性に注意が必要である。10.4節で説明するように，レーザが発生する光の位相は大きな揺らぎをもっており，絶対的な位相の定義は困難である。

印加電界 $F(t)$ は変調信号電圧 $V_1(t)$ に比例して変化する。その比例係数を U とすると，$F(t) = UV_1(t)$ となり，式 (7.28) より，屈折率変化は

$$\Delta n(t) = W V_1(t) \tag{7.41}$$

と表される。ここで，W は

$$W \equiv -\frac{n_0^3 r_{33} U}{2} \tag{7.42}$$

で定義し，本書ではこれを**変調効率**（modulation efficiency）と呼ぶ。W は変調電極単位長さ当りの光位相を変化させる能力を示し

7. 光　変　調

$$\varGamma \equiv -\frac{2\pi L W}{\lambda_0} \tag{7.43}$$

で定義される $\varGamma$ を用いると，位相変調器の出力は次式で表される。

$$E_{out} = K E_0 e^{j\omega_0 t + j v_1(t)} \tag{7.44}$$

$$v_1(t) \equiv \varGamma V_1(t) \tag{7.45}$$

ここで，$V_1(t)$ は電極に印加された変調信号である。$v_1(t)$ は変調信号 $V_1(t)$ に比例する光位相変化である。K は光位相変調器の振幅透過率である。損失が無視できる場合 $K = 1$ となる。

$\varGamma$ は変調信号の電界と光波の電界の相互作用の強さを示す係数であり，変調信号の周波数に依存する。高い周波数での変調の際には，この周波数特性を考慮に入れる必要がある。位相変調器で π rad（180°）に相当する光位相変化を得るために必要な電圧

$$V_{\pi\mathrm{PM}} \equiv \frac{\pi}{\varGamma} \tag{7.46}$$

は位相変調器の半波長電圧と呼ばれ，変調器の効率を示す最も重要な性能指標である。半波長電圧が低いほうが，より小さな電気信号で大きな光位相変化が得られ，より効率のよい変調器ということになる。半波長電圧の低減には変調電極に印加された信号により生じる電界が集中する部分に光導波路を置き，W を増加させることが重要である。

式 (7.43) からわかるように，変調効率 W が一定であるとき，変調電極の長さ L を大きくすると $\varGamma$ が増加し，$V_{\pi\mathrm{PM}}$ の低減につながる。EO 効果は電界による効果であるので，電極における電気抵抗が無視できるとすると，電極を長くしたとしても必要な電力を増大させることなく，変調の効果を大きくすることができる。しかし，二つの電極による平行平板コンデンサと変調信号を供給する電気回路のもつインピーダンスが直列回路を構成し，動作速度は CR 回路の時定数で制限されることになる。これにより，電極を長くすると抵抗と電気容量が増大し，高い周波数成分に対しては電極間に効率的に電圧を加えること

が困難となる。つまり，電極を長くすると低い周波数成分では半波長電圧の低減が可能であるが，高い周波数成分ではCR回路の周波数特性のため変調性能が劣化する。

一方で，電極長よりも電気信号の波長が小さいときには電極を分布定数線路として取り扱う必要がある。高周波電気信号に対して適切な導波構造を用いることで，導波路中を進む光波に沿って，変調信号が進行し，長い距離にわたって光波に相互作用を得ることができる。進行方向に沿った変調効果は複素平面上のフェーザとしてベクトル的に加算されていくが，そのベクトルの角度の差は導波路中の光波と伝送線路上の変調信号の位相差に依存する。つまり，光波と変調信号の伝搬速度が一致する（速度整合と呼ぶ）とこの位相差はゼロとなり，効率的に変調効果が加算される。光波と電気信号に対する導波構造は大きく異なるため，一般にはその伝搬速度に大きな差があるが，断面や長手方向の構造を最適化することで，**速度整合**（velocity matching）を実現する工夫がこれまで長年なされてきた。このような構造をもつ変調器は，**進行波型変調器**（traveling-wave type modulator）と呼ばれる。これに対して，電極を平行平板コンデンサとして，その時定数と，電極長さを最適設計したものを集中定数型変調器と呼ぶことがある。LNを用いた変調器は一般に進行波型であるのに対して，デバイスの小ささが特長のEA変調器では集中定数型が一般的である。

7.3.4 マッハ・ツェンダー干渉計による振幅変調

EO効果は光位相変調を可能とするが，光振幅や強度には変化を及ぼさない。振幅変調を得るためには光干渉をもつ構造を用いることが必要となる。ここでは，広く実用となっている**マッハ・ツェンダー**（**MZ**: Mach-Zehnder）**干渉計**によるMZ変調器について説明する。図**7.15**に動作原理を示す。二つの導波路を進む光波の位相差が合波するときにゼロであるとき，干渉で強め合い，変調器は「オン」の状態となる。一方，光波がたがいに逆相，つまり，位相差がπのとき，干渉で弱め合い，「オフ」状態となる。このとき，光出力側の合波部では光波が導波路の外に広がる放射モードに変換され，光ファイバにつながる

138   7. 光　変　調

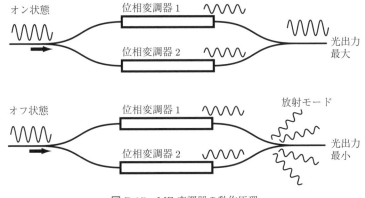

図 **7.15** MZ 変調器の動作原理

光出力部では強度がゼロとなる。

　4.1 節で説明したように，光導波路による MZ 干渉計は，1 組の Y 分岐光導波路構造で実現される。Y 分岐による合波部分で一方の光導波路のみから光が入力されると，半分の光強度が出力として得られる。半分の光エネルギーが失われることになるが，これは放射モードに変換されて導波路外に散逸することによる。振幅で考えると Y 分岐を通過することで，$1/\sqrt{2}$ 倍されることになる。両方のポートから等しい振幅の光信号が同位相で入力されたときに限り，干渉効果で放射モード光が打ち消され，出力ポートにすべての光エネルギーを集中することができる。一方，光分岐部分では入力光の光強度を等分配される，二つの導波路において振幅は $1/\sqrt{2}$ 倍となる。以上をまとめて考えると，分岐側で $1/\sqrt{2}$ 倍，合波側で $1/\sqrt{2}$ 倍のとなるので，光入力側から出力側までの振幅変化は合わせると $1/2$ となる。

　各位相変調器で誘起される光位相変化を $v_i(t)$ $(i=1,2)$ とすると，光出力は

$$E_{out} = E_0 e^{j\omega_0 t} \left[K_1 e^{jv_1(t)} + K_2 e^{jv_2(t)} \right] \tag{7.47}$$

となる。ここで，$K_i (i=1,2)$ は光位相変調器における振幅の透過率である。K_i は光分岐部，合波部における振幅変化の効果も含んでいる。導波路内での損失が無視できて，Y 分岐が理想的な動作をするとすると，$K_1 = K_2 = 1/2$ となる。

また，二つの位相変調器での位相変化の符号が逆で大きさが等しい

$$v_2(t) = -v_1(t) \tag{7.48}$$

のときに理想的な振幅変調が実現できる。この動作条件をプッシュプル（push-pull）と呼ぶ。$v_1(t) = -v_2(t) = g(t)$ とすると，$2g(t)$ は二つの異なる光導波路間の光位相差となる。$K_1 = K_2 = 1/2$ とすると出力光は

$$E_{out} = \frac{E_0}{2}\left[e^{jg(t)} + e^{-jg(t)}\right]e^{j\omega_0 t} \tag{7.49}$$

$$= E_0 e^{j\omega_0 t} \cos\left[g(t)\right] \tag{7.50}$$

$$= \cos\left[g(t)\right] E_{in} \tag{7.51}$$

となる。ここで，オイラーの公式 $e^{j\theta} = \cos\theta + j\sin\theta$ を用いた。プッシュプル動作 MZ 変調器は入力光の振幅に $\cos[g(t)]$ を乗じるという振幅変調の機能を実現していることがわかる。強度変調器としての動作は

$$|E_{out}/E_{in}|^2 = |\cos\left[g(t)\right]|^2 \tag{7.52}$$

$$= \frac{1 + \cos\left[2g(t)\right]}{2} \tag{7.53}$$

で表される。

MZ 干渉計では 4.1.1 項で述べたように，光位相差 $2g(t)$ がゼロ（もしくは 2π の整数倍）

$$2g(t) = 2N\pi \quad N = \cdots, -1, 0, +1, \cdots \tag{7.54}$$

のとき，式 (7.53) は最大となり，変調器はオン状態となる。一方，光位相差が

$$2g(t) = (2N+1)\pi \tag{7.55}$$

のとき，オフ状態となる。MZ 変調器の半波長電圧 $V_{\pi\mathrm{MZM}}$ はオンからオフ状態まで変化させるために必要な電圧で定義される。MZ 変調器の半波長電圧 $V_{\pi\mathrm{MZM}}$ はそれぞれの位相変調器の半波長電圧 $V_{\pi\mathrm{PM}}$ の 1/2 に相当することに注意が必要である。プッシュプル動作においては，それぞれの位相変調器での $\pi/2$ の位相変化が加算される。

7.3.5 二並列マッハ・ツェンダー（MZ）変調器による直交振幅変調

式 (7.51) で表される MZ 変調器の動作をフェーザ表示（基準角周波数 ω_0）すると図 **7.16**(a) のようになり，$\mathrm{Re}[e^{j\omega_0 t}](=\cos\omega_0 t)$ に比例する実数成分の振幅変調が実現されている。7.1.3 項で説明したように，角度変調も実数成分 I と虚数成分 Q に分けると，それぞれの成分に対する振幅変調と考えることができる。つまり，上記の実数成分に対する振幅変調に加えて，虚数成分に対しても図 (b) に示すような振幅の制御が同時に実現すると，フェーザ表示した二次元平面上で二つの成分がベクトル的に加算され，二次元的な光変調が可能となる。これを**直交振幅変調**（**QAM**: quadurature amplitude modulation）[†]，もしくは，I 成分と Q 成分に対する変調であるので IQ 変調と呼ぶ。

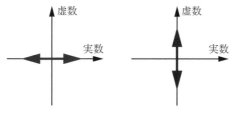

図 **7.16** 振幅変調のフェーザ表示

(a) 実数成分　　(b) 虚数成分

このような IQ 変調は図 **7.17** に示す**二並列マッハ・ツェンダー**（**MZ**）**変調器**（dual parallel Mach-Zehnder modulator）で実現することができる。二つの MZ 変調器からの光信号の間に光位相変調器で 90°（$\pi/2$ rad）の位相差を与えて，実数部分と虚数部分のベクトル的な合成を実現している。この構成によ

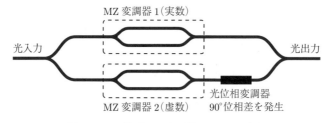

図 **7.17** 二並列 MZ 変調器による IQ 変調

[†] たがいに直交する成分である $\cos\omega_0 t$ と $\sin\omega_0 t$ の振幅をそれぞれ個別に変調する方式であるために，このように呼ばれる。

り，二つの MZ 変調器で光波の実数成分と虚数成分の振幅を独立に制御できる。フェーザ表示した二次元平面上を自由に光波の状態を操作できるので，原理的には振幅変調，角度変調を組み合わせたあらゆる形式の光変調に対応することが可能であり，8.2.4 項で述べる多値変調信号の発生に広く用いられている。

　ここで，二並列 MZ 変調器による複雑な光変調の一例を挙げる．実数成分 I の振幅を $\cos\omega' t$，虚数成分 Q の振幅を $\pm\sin\omega' t$ で変調すると，光波の状態は図 **7.18** に示すように，フェーザ表示した二次元平面上を原点中心に回転することになる．Q の振幅が $+\sin\omega' t$（I に比べて $\pi/2$ rad だけ位相が遅れている）のとき，反時計回りとなり，基準となる周波数 $\omega_0/2\pi$ よりも光波の周波数が高くなっていることを意味している．Q の振幅が $-\sin\omega' t$（I に比べて $\pi/2$ rad だけ位相が進んでいる）のとき，時計回りとなり，周波数は逆に低くなっている．7.1.2 項で述べたように，通常の振幅変調では搬送波と上側波帯，下側波帯の三つの成分が発生する．これに対して，上記の場合には，搬送波（基準角周波数 ω_0）より周波数が高い成分もしくは低い成分のみが発生している．つまり，上側波帯もしくは下側波帯のみが発生し，もとの光波に対して光周波数のシフトが実現している．周波数シフトの方向（周波数が上がるか下がるか）は I と Q の位相差（$\pm\pi/2$ rad）の符号で決まる．側波帯の片方のみが得られることからこのような変調方式を**単側波帯**（**SSB**: single sideband）**変調**と呼ぶ．

図 **7.18**　光 SSB 信号をフェーザ表示

演 習 問 題

【1】 直接変調の利点と問題点を説明せよ．
【2】 外部変調で利用される物理現象を列記して，それぞれの特徴を説明せよ．

【3】 マッハ・ツェンダー変調器で光がオンオフできる原理を説明せよ。オフ状態のとき，入力した光のエネルギーはどのようになるのかも説明せよ。

【4】 電気光学結晶のc軸について説明せよ。

【5】 半波長電圧が7Vの位相変調器に3V印加したときの光位相変化量を求めよ。

【6】 半波長電圧が5Vのマッハ・ツェンダー変調器にオンの状態から3V印加したときの変調器の光パワー透過率を求めよ。導波路や接続部などでの損失は無視する。

【7】 マッハ・ツェンダー変調器がもつ二つの平行する導波路のうち，一つが損傷して光を透過しなくなった場合，出力はどのようになるか説明せよ。

8 光通信

　光技術の応用分野のなかで最も大きなものの一つが光ファイバを用いた通信システムである．情報を伝送するシステムにおいて，重要な要素は伝送可能距離の長さと帯域の広さであるが，シングルモード光ファイバはその両面においてきわめて優れた伝送媒体であり，通信ネットワークの根幹を支えるものとして広く利用されている．海底ケーブルなどの長距離通信で古くから実用となっていたが，現在では各家庭や携帯電話基地局をつなぐアクセスネットワークとしても光ファイバ通信が広く普及している．この章では光通信システムの概要とシステムを構成する各要素について説明する．

8.1 光ファイバの特性と伝送性能

　光ファイバによる伝送システムは，図 8.1 に示すように，光送信器と光受信器をもつ．データセンターやパソコンなどの個人がもつ端末などが情報の発信元，送信先となる．これらの情報機器のなかにおいても，データ伝送に光通信を用いる例が増えつつあるが，情報は電気信号として扱われるのが一般的である．したがって，光通信においては電気から光（光変調），光から電気へ（光復調）の変換が必要となる．いったん光に変換すると，光ファイバの低損失性を

図 8.1　光ファイバ通信の構成

生かした長距離伝送が可能となる。光送信器では7章で説明した光変調技術を用いて，電気信号から光信号を発生させる。さまざまな光信号の形式（変調方式）がその目的に応じて開発されている。光受信器は6章で説明した光検出器を用いて，光信号を電気信号に変換する。最も簡単な変調方式である強度変調では光検出器単体で光信号から電気信号への変換が可能であるが，最近，普及が進む光位相を用いた変調方式では，より高度な光受信器が必要となる。

光ファイバを用いた伝送では，**光損失**（optical loss），**分散**（dispersion），**非線形性**（nonlinearity）の三つの要素がシステム全体の性能を考えるうえで重要である。

光損失は伝送可能距離を見積もるうえで最も基本になるものである。分散とは光波の状態（モードや波長）によって伝搬速度に違いが生じる現象のすべてを表すものである。光通信で広く用いられているシングルモード（単一モード）光ファイバではモードが一つしかないためにモードによる分散は生じない。本書では波長の違いにより生じる伝搬速度の違いである**波長分散**（chromatic dispersion）についておもに説明する。

8.1.1 光損失

まず，光損失について説明する。光ファイバのような導波構造を用いると，長い距離にわたって光を伝搬させても空間的に広がることによる減衰はないが，材料がもつ吸収や構造の揺らぎによる散乱の影響を避けることはできない。光ファイバの場合，1km当りの損失をdBで表示するのが一般的である。図**8.2**

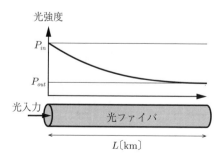

図**8.2** 光ファイバにおける損失

に示すように，長さ L〔km〕のファイバに光を伝搬させる場合を考える．入力光パワー（電力または強度）を P_{in}，出力を P_{out} とすると，損失 α_L（単位長当り，dB 表示）は

$$\alpha_L = -\frac{10\log\dfrac{P_{out}}{P_{in}}}{L} \tag{8.1}$$

で表される．

図 **8.3** に示すように，シングルモード光ファイバは 1.55 μm において損失が最小になり，その値は 0.2 dB/km 程度である．これより短い波長では材料の揺らぎにより生じるレイリー散乱により損失が増大する．長波長側では材料のもつ吸収の効果が現れる．

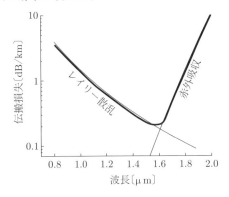

図 **8.3** シングルモード光ファイバの光損失

このため，長距離伝送のための光通信システムでは 1.55 μm に近い波長を用いる．このとき，長さが 30 km のファイバでは 6 dB の損失となり，光パワーが 1/4 程度に減衰する．数十 km 以内の距離であれば，適当な光出力の送信器を用いることで，データ伝送が可能となる．

光ファイバ通信で用いられる半導体レーザの出力は数 mW から数十 mW 程度が一般的であり，その出力を 1 mW を基準として dBm という単位で表すことが多い．P が真数で表された光パワー（単位 mW）であるとすると，

$$光パワー = 10\log P \ [\mathrm{dBm}] \tag{8.2}$$

が dBm で表示された光パワーとなる．一方，光受信器の性能を表す指標とし

146　8. 光　通　信

て最小受信感度がある．これよりも強い光信号があれば，電気信号に変換することができる．最小受信感度も dBm で示されることが多く，−20 dBm 程度のものが開発されている．

　光送信器出力が 0 dBm で，光受信器の最小受信感度が −20 dBm であるとすると，光ファイバに許容される損失は 20 dB となり，単位長さ当りの損失が 0.2 dB であるので，100 km までの伝送が可能であるということになる．しかし，ファイバどうしの接続部分やその他装置内における損失や，後述する波長分散の影響などを考慮に入れると，数十 km 以下の距離で伝送システムを設計するのが一般的である．

　さらに，長距離を伝送させる場合には，光増幅器が用いられる．図 **8.4** に示すような構成で，エルビウムなどの希土類元素を添加した光ファイバに，光信号（光入力）とポンプ光を合わせて入れる．ポンプ光は希土類元素において電子を励起して，反転分布を作るためのものである．4 章で説明したレーザと同じ原理で，光信号に対する誘導放出を起こし，増幅が可能となる．これを光ファイバ増幅器と呼ぶ．**エルビウム添加光ファイバ増幅器**（**EDFA**：erbium-doped fiber amplifier）では，波長 0.98 μm または 1.48 μm のポンプ光が励起に用いられ，波長 1.55 μm の光信号が増幅される．

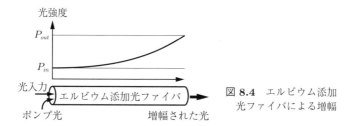

図 **8.4**　エルビウム添加光ファイバによる増幅

　図 **8.5** に示すように，多数の光ファイバ増幅器を用いることで，数千 km を超える長距離伝送システムが実現可能である．次項で述べるように波長分散の

図 **8.5**　長距離光通信システムの構成

影響への対策が必要であるが，光ファイバ増幅器で増幅を繰り返しながら，途中で電気信号に戻すことなく光信号のままで信号が伝えられる。太平洋横断光ファイバケーブルでは，伝送距離が 10 000 km 程度であるので，100 台以上の光増幅器を経由することになる。

より波長の短い光信号の増幅には，**ツリウム添加光ファイバ増幅器**（**TDFA**：thulium-doped fiber amplifier）が利用可能である。ほかに，半導体内の誘導放出を用いた**半導体光増幅器**（**SOA**：semiconductor optical amplifier）がある。半導体レーザから共振器の機能を除いたものであり，小形で，レーザ，変調器など，ほかの光デバイスと集積が可能であるという特徴がある。

8.1.2 波 長 分 散

前項では，光ファイバ損失の波長依存性について説明したが，屈折率も波長によって変化する。透過率は損失から算出できるので，透過率と屈折率がともに波長に依存するということになる。7 章において，半導体の EO 効果，EA 効果では透過率が屈折率がともに変化することがあり得ることを説明したが，光ファイバの特性を議論するうえでも，この二つが最も重要な要素である。屈折率つまり光波の伝搬速度が波長に依存し，そのために光波の伝搬特性が波長ごとに違いが生じる現象のことを波長分散と呼ぶ。

光ファイバの屈折率が波長に依存する場合，（真空中の）波長 λ と，それに対応する角周波数 ω の間には

$$\omega = \frac{2\pi c}{\lambda} \tag{8.3}$$

が成り立つので，屈折率 n を ω の関数として表すことができる。真空中の位相定数（波数）は $2\pi/\lambda$ であるので，屈折率 $n(\omega)$ の媒質内の位相定数（波数）k は

$$k = \frac{2\pi n(\omega)}{\lambda} = \frac{\omega n(\omega)}{c} \tag{8.4}$$

となる。屈折率の変化はファイバ内を伝搬する光波の速度に影響を与える。

波の伝搬速度として，光波の位相が一定である任意の面（もしくは点）が移動する速度である位相速度と，変調された信号の形状が移動する速度である群速

度がある†。図 **8.6** に変調された光信号の例を示す。変調された光波には二つの構造がある。拡大図に光波の電界が角周波数 ω で高速に変動する様子を示した。位相が $2\pi\,\mathrm{rad}$ 変化するごとに，光波の振幅が増減する。一方，光信号全体の構造をみると，変調信号の変化に応じて光波の強度が変動していることがわかる。光波全体としての形状として図に破線で示したものを**包絡線**（envelope）と呼び，これが光波が運ぶエネルギー，すなわち情報そのものに相当する。位相変化が伝搬する速度と包絡線が伝搬する速度は真空中ではいずれも光速 c となり等しいが，波長分散がある場合には一致しない。以下で，位相変化が伝搬する速度である位相速度と，包絡線が伝搬する速度である**群速度**（group velocity）について説明する。

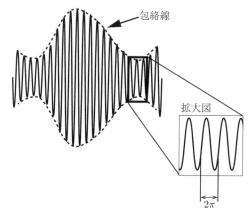

図 **8.6** 光信号の例

〔**1**〕 **位相速度**　光ファイバ内を伝搬する光波は振幅を A とすると

$$A\,\mathrm{Re}\left[e^{j\omega t - jkz}\right] = A\cos(\omega t - kz) \tag{8.5}$$

と表すことができる。光波の位相が一定（C）である任意の点が移動する速度 v_p を考える。

$$\omega t - kz = C \tag{8.6}$$

を時間で微分し

---

† 位相速度，群速度を議論するときの位相は式 (1.1) で定義したものである。信号の変調の説明では式 (6.1) を用いているので，注意が必要である。

8.1 光ファイバの特性と伝送性能

$$\omega - k\frac{dz}{dt} = 0 \tag{8.7}$$

より

$$v_p = \frac{dz}{dt} = \frac{\omega}{k} = \frac{c}{n(\omega)} \tag{8.8}$$

が得られる。1.1 節の式 (1.4) で説明したとおり，これが光波の位相が一定である面もしくは点が移動する速度を意味しており，**位相速度**と呼ばれる。光ファイバ内を伝搬する光波の位相速度は，真空中の光速を屈折率で割ったものになることがわかる。

〔**2**〕 **群速度**　　一方，7.1.4 項で説明したように，情報を伝えるために変調された信号は複数の周波数成分をもつ。最も簡単な場合として

$$A\cos[(\omega + \Delta\omega)t - k(\omega + \Delta\omega)z]$$
$$+ A\cos[(\omega - \Delta\omega)t - k(\omega - \Delta\omega)z] \tag{8.9}$$

で示される二つの周波数成分のみからなる場合を考える。ここで，$k(\omega)$ は角周波数の関数であることに注意すると，$\Delta\omega$ の大きさが ω に比べて十分小さく，微小な変化であると考えることができる場合には

$$A\cos\left[(\omega + \Delta\omega)t - \left\{k(\omega) + \Delta\omega\frac{dk(\omega)}{d\omega}\right\}z\right]$$
$$+ A\cos\left[(\omega - \Delta\omega)t - \left\{k(\omega) - \Delta\omega\frac{dk(\omega)}{d\omega}\right\}z\right] \tag{8.10}$$

$$= 2A\cos\left(\omega t - k(\omega)z\right)\cos\left(\Delta\omega t - \Delta\omega\frac{dk(\omega)}{d\omega}z\right) \tag{8.11}$$

と表すことができる。このなかで，$\cos(\omega t - kz)$ は高速の位相変化に相当する部分である。$\cos\left(\Delta\omega t - \Delta\omega\dfrac{dk}{d\omega}z\right)$ が包絡線を表す。位相速度のときと同様に包絡線の変化を表す部分の位相が C で一定である点を考えると

$$\Delta\omega t - \Delta\omega\frac{dk}{d\omega}z = C \tag{8.12}$$

を時間微分し，群速度 v_g は

$$\frac{dz}{dt} = \frac{d\omega}{dk} \tag{8.13}$$

で表されることがわかる．ここでは n を ω の関数であると考えているので，群速度は

$$v_g = \left(\frac{dk}{d\omega}\right)^{-1} = \frac{c}{n(\omega) + \omega \dfrac{dn(\omega)}{d\omega}} \tag{8.14}$$

となる．ここで**群屈折率**（group refractive index）n_g を

$$n_g = n(\omega) + \omega \frac{dn(\omega)}{d\omega} \tag{8.15}$$

で定義すると，位相速度のときと同様に群速度は

$$v_g = \frac{c}{n_g(\omega)} \tag{8.16}$$

と表すことができる．屈折率は真空中の波長 λ の関数として表示される場合も多い．そのとき群屈折率は

$$n_g = n - \lambda \frac{dn}{d\lambda} \tag{8.17}$$

となる．

　ここで説明した群速度は光波の強度が変調されている場合を例にとったが，位相変調や周波数変調の場合でも，同様に定義できる．変調により光波に乗せられた情報の伝搬する速度が群速度で表される．ただし，吸収が非常に大きな媒質など特殊な条件が重なると，群速度が光速 c を超えるという現象が起きることが知られている．この場合においては，群速度が適切な指標でなくなっており，情報（いいかえると光波のエネルギー）が伝わる速度が光速 c を超えることはない．

　〔3〕**波長分散と伝送容量**　　単位長さのファイバ内を群速度 v_g で伝搬するために必要な時間 τ は次式で表される．

$$\tau = \frac{1}{v_g} = \frac{n_g(\omega)}{c} \tag{8.18}$$

これを**群遅延**(group delay)と呼ぶ。波長が変化した際の群遅延の変化

$$D = \frac{d}{d\lambda}\left(\frac{n_g(\omega)}{c}\right) = \frac{1}{c}\frac{d}{d\lambda}\left(n - \lambda\frac{dn}{d\lambda}\right) = -\frac{\lambda}{c}\frac{d^2n}{d\lambda^2} \tag{8.19}$$

を光ファイバの波長分散と呼ぶ。位相定数(波数) k を用いると

$$D = -\frac{2\pi c}{\lambda^2}\frac{d^2k}{d\omega^2} \tag{8.20}$$

と表される。長さ L の光ファイバを伝送した際に生じる群遅延の変化は

$$\Delta\tau = |\Delta\lambda D L| \tag{8.21}$$

で表される。ここで，$\Delta\lambda$ は波長変化量であるとする。

7.1.4 項で説明したとおり，変調された光信号は帯域幅をもつ。最も簡単な例として，光のオンオフで情報を伝送する強度変調である**オンオフキーイング**(**OOK**: on-off-keying)を考える。ビットレート(1 秒当りのビット数)を B とする。B の単位は b/s または bps を用いる(bit/s と表すこともある)。変調速度も同じく毎秒 B 回となる。OOK では変調速度とビットレートは一致する。ボー(baud)という単位が変調速度では用いられる。次節で説明する多値変調では，一度の変調で複数ビットの情報を伝えるので，変調速度とビットレートは一致しない。一度の変調で伝えられるビット数を l とすると，変調速度は B/l となる。

OOK の変調信号(変調器への電気入力)のもつ電力の大半は周波数 $B/2$ 以下の範囲にある[†]。光変調では上側波帯，下側波帯の二つのサイドバンドがあるので，全体としての帯域幅の広がりはこれの 2 倍で B となり，OOK 信号の帯域幅 Δf は

$$\Delta f \simeq B \tag{8.22}$$

と表され，B と同程度になる。波長でみた帯域幅の広がりは式 (7.23) より

$$\Delta\lambda = \frac{\lambda^2}{c}B \tag{8.23}$$

で表される。よって，群遅延の変化は

[†] "0" と "1" をくり返す最も変化の多い信号パターンの基本周波数が $B/2$ である。

$$\Delta\tau = \frac{\lambda^2}{c}B|D|L \tag{8.24}$$

となる．一方，1ビットの時間軸での長さは$1/B$であるが，群遅延の変化がこの長さよりも大きくなり

$$\frac{\lambda^2}{c}B|D|L > \frac{1}{B} \tag{8.25}$$

となると，信号波形を形作る各波長成分が受信側へ到達する時間のばらつきのため，波形を維持することができずに受信側で復調できなくなる．よって，次式

$$B^2|D|L < \frac{c}{\lambda^2} \tag{8.26}$$

が波長分散によるファイバ通信における伝送距離の限界を与えることがわかる．波長分散Dはファイバの構造，材料によって決まる定数であるので，これを一定としたとき，ビットレートを2倍にすると，伝送距離は$1/4$になる．波長分散の影響がビットレートの2乗に比例するのは，ビットレートに比例して帯域幅が広がることと，1ビットの周期がビットレートに反比例することの二つの要素が重なるためである．

　光パルスがファイバ内の伝搬で波長分散の影響を受ける原理を図**8.7**に示す．ある時間タイミングで光強度がピークをもつパルスを送信器で発生させる．強

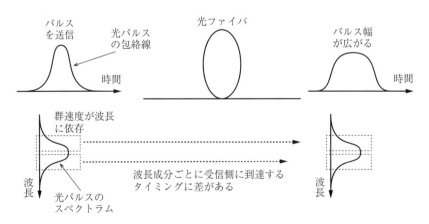

図**8.7**　波長分散による波形の劣化

度変調された光波であるので，波長広がりをもつ．つまり，光波のエネルギーが時間軸，周波数軸のいずれにおいてもピークをなし，そこを中心に一定の広がりをもつ．送信側では，パルス波形を構成する各周波数成分の位相がそろっている．ファイバを伝搬する際に群速度の差のために，周波数成分ごとに受信器に到着するタイミングにばらつきが発生し，時間軸でみたときにパルス幅が広がるという現象が起きる．高速光通信システムでは，高速で変化させた光信号を用いるが，受信側では時間軸で広がりが発生し，隣のビットと重なる可能性がある．このように波長分散では時間軸でみた包絡線の形状に大きな変化が生じるが，スペクトラムは不変であることが特徴である．

〔4〕 **シングルモード光ファイバにおける波長分散** これまで屈折率が波長により異なることによる位相速度，群速度の変化について説明した．実際の光ファイバでは，3章で説明した導波構造そのものがもつ光波の伝搬速度の変化がある．複数の導波モードがある場合には，同じ波長であってもモードにより伝搬速度が異なる．これを**モード分散**（mode dispersion）という．同一のモードで波長ごとに伝搬速度に変化が生じることを**構造分散**（structure dispersion）という．これに対して材料の屈折率変化自体で生じるものを**材料分散**（material dispersion）と呼ぶ．材料分散と構造分散はともに波長変化によるものであるのでこれらをまとめて波長分散という．

高速光通信システムで広く用いられているシングルモード光ファイバではファイバ内に存在するモードが単一であるので，モード分散はなく，材料分散，構造分散が合わさった波長分散のみがある．位相速度，群速度を議論するときには材料分散と構造分散を区別する必要はなく，これらが加算された効果を示す実効屈折率を用いて解析すればよい．ファイバを設計する際には，材料分散と構造分散がたがいに相殺する構造などを考えることができる．波長分散特性を所望の性能とするために，さまざまな光ファイバが開発されている．

シングルモード光ファイバのもつ波長分散 D は光損失が最も小さい $1.55\,\mu\mathrm{m}$ において $17\,\mathrm{ps/nm/km}$ である．$1\,\mathrm{km}$ 伝搬すると，$1\,\mathrm{nm}$ の波長差がある光波の間で $17\,\mathrm{ps}$ の群遅延の差が発生することを意味している．ビットレート B が

154   8. 光通信

10 Gb/s のとき，伝送距離の限界は式 (8.26) より，70 km 程度となることがわかる．一方，B が 100 Gb/s のときには，0.7 km 以下が限界となる．波長分散による伝送距離の限界を超えた長距離光通信を実現するために，シングルモード光ファイバと比べて逆符号の波長分散 D をもつ**分散補償ファイバ**（dispersion compensating fiber）を用いて帯域内の群遅延のばらつきを抑える，受信側のデジタル信号処理で波形を回復するなどの手法が開発されている．後者については，後述するデジタルコヒーレント通信技術が必要となる．

8.1.3 非線形性

光ファイバは優れた伝送媒体であり，入力光が一定の光強度以下であれば，ほぼ線形の応答をするが，入力光が強い場合には，伝搬途中でさまざまな非線形現象が発生する．光通信システムでは，波形劣化につながる光非線形の影響が大きくなるような動作をさせないことが多いが，非線形性を積極的に用いることで光信号処理や鋭い光パルスの発生を実現している例もある．

光ファイバの屈折率が光強度に比例して変化する**カー効果**（Kerr effect）と呼ばれる現象がある．これにより，**図 8.8** に示すように，光信号の強度が大きいときと小さいときで群速度に差が発生し，伝搬途中で波形が変化することがある．これを自己位相変調と呼ぶ．複数の光信号を同時に同じファイバで伝送させる波長多重システム（次節を参照のこと）などでは，ほかの光信号の強度変化の影響を受けることがあり，相互位相変調と呼ばれる．

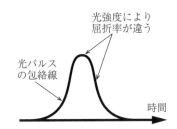

図 8.8 光強度に依存する屈折率

ほかに，光ファイバ内の非線形現象としては，**誘導ブリルアン散乱**（stimulated Brillouin scattering），**ラマン散乱**（Raman scattering）などがあげられる．こ

れらの散乱はファイバ材料の振動（音響フォノン，光学フォノン）と光波が相互作用するために起きるものである．これらを活用したレーザや光増幅器もある．特に，分布ラマン光増幅器では，伝送経路であるシングルモード光ファイバでのラマン散乱で光損失を補償する．光ファイバ内で光波が伝搬する部分であるコアの径は $9\,\mu m$ と，小さいために光波のエネルギーが狭い空間に集中している．このため，光強度が数百 mW を超えると**ファイバヒューズ**（fiber fuse）という光損傷が起きることがある．損傷が光源側に向かって数珠つなぎに発生する現象で，システム全体に与えるダメージが大きいためファイバヒューズが起きない程度に光信号の強度を抑えることと，発生した場合には即座に検出し光信号を停止させるなどの対策が重要である．

　波長分散は線形の現象で，スペクトルは不変であったが，非線形現象ではスペクトル，時間波形ともに変化が発生する．また，メカニズムも複雑であり，非線形現象で劣化した波形を元に戻すことは一般に難しい．波長分散は信号処理や分散補償ファイバでその影響を抑えることができるのとは対照的である．このため，光ファイバ通信システムでは非線形の影響が出ない程度に光信号の強度を抑えて設計することが重要である．一方，光強度が弱すぎると，レーザ，光増幅器，光検出器などで発生するノイズの影響を受けるという課題もある．次節で説明する多重化技術では，光ファイバが許容できる光入力と，光信号として最低限確保すべき光強度のバランスがシステム全体の性能限界を与えている．

8.2　高速化のための多重化と多値化

　一つの光変調器，検出器で送受信できる変調信号の帯域は 100 GHz 以下である．最もシンプルな光のオンオフで情報を伝えるオンオフキーイング（OOK）では伝送速度は 100 Gb/s 程度が限界である．これを超える方法として二つの方向性がある．一つは 1 本の光ファイバに多数の光信号を同時に入力することで，ファイバ 1 本当りの伝送能力を向上させるものである．この技術のことを多重化と呼ぶ．もう一方は，一度の変調でより多くの情報を伝える多値変調である．

156　8. 光　通　信

多重化は波長の違い（波長もしくは周波数軸），タイミングの違い（時間軸）や空間の広がりを用いたものがある．それぞれ，**波長多重**（**WDM**：wavelength domain multiplexing），**時分割多重**（**TDM**：time domain multiplexing），**空間多重**（**SDM**：space domain multiplexing）と呼ばれる．このうち，波長多重は広く実用になっている．最近では，多数のコアをもつ**マルチコアファイバ**（multi-core fiber）による空間多重が注目を集めている．以下では波長多重と空間多重の概要について説明する．多値化については IQ 変調が，最近，長距離大容量通信向けに普及が進んでいる．そのほかに，強度のレベルを複数の段階に切り替えて変調する方式も開発されており，これらの概要を説明する．

8.2.1　波　長　多　重

図 8.9 に波長多重を用いた光伝送システムの構成を示す．波長の異なる複数の光送信器を並列させ，これらの出力を合波器で一つに束ねて，光ファイバを伝送させる．各光送信器が発生する光信号をチャネルと呼ぶ．受信側では逆に波長ごとに信号を弁別して，各チャネルに相当する光信号を光受信器に分配する．合波器・分波器としては 4.3 節で説明した波長選択素子を用いることができる．

図 8.10 に回折格子の機能を集積した**光導波路アレー回折格子**（**AWG**：

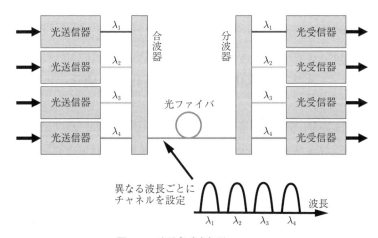

図 8.9　波長多重光伝送システム

8.2 高速化のための多重化と多値化

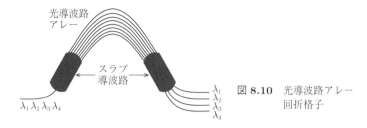

図 8.10 光導波路アレー回折格子

arrayed-waveguide grating）の構造を示す．入出力のための光導波路（ポート）がスラブ導波路を経由して光導波路アレーに接続されている．光導波路アレーは各導波路間の長さに差が設けられている．図中左側の入力から複数の波長成分 λ_1，λ_2，λ_3，λ_4 を入力すると，光波がスラブ導波路で各光導波路に分配される．右側のスラブ導波路に到達した光波は隣接する光導波路の間で長さの差に応じた位相差をもつ．回折格子と同様の原理で，位相差に応じて特定の方向に進む光波が干渉で強めあう．長さの差は固定であるが，波長に反比例して位相差が変化するので，波長ごとに干渉で強め合う方向が異なる．その結果，右側の四つのポートから各波長成分が分離して出力され，分波器として機能する[†1]．逆に，右の四つのポートから各波長成分を入力すると，左側のポートから合波された光出力が得られる．光周波数間隔 25 GHz 程度の信号を分離するデバイスが実用されている．

8.1.1 項で説明したとおり，光ファイバ通信ではシングルモード光ファイバが低損失である 1.55 μm の光を用いることが多い．この帯域のことを **C**（conventional）バンドと呼ぶ．波長 1 550 nm は光周波数で表すと 193 THz 程度となる．各チャネルの光周波数は**国際電気通信連合**（**ITU**：International Teleccomunication Union）の勧告（ITU-T G694.1）によって規定されている．例えば，チャネル間隔 50 GHz の場合

$$193.1 + N \times 0.05 \, [\text{THz}] \tag{8.27}$$

とすることと定められている（N：整数）[†2]．この式は光周波数 193.1 THz，波

[†1] これは定性的な説明であり，厳密には導波路内の光波の伝搬を解析する必要がある．
[†2] WDM チャネルの計算には，光速 $c = 299\,792\,458$ m/s を用いる．

長で表すと1552.52 nm の光を基準として,0.05 THz,つまり,50 GHz の等間隔でチャネルを設けることを意味している。Δf が 50 GHz よりも大きいと隣接チャネルと信号が重複することになる。各チャネルを分離するために光フィルタを用いるが,フィルタの周波数弁別能力に限界があるために,チャネル間に周波数間隔を多少とる必要がある。これらを考慮に入れると,チャネル間隔 50 GHz のシステムは変調信号のもつ周波数成分が 20 GHz 程度以下に収まっているときに用いることができる。ITU の勧告では,目的に応じて,チャネル間隔 100 GHz,25 GHz,12.5 GHz のシステムも定義されている。

　長距離通信では光増幅器が必要となるために,利用可能な帯域幅は光増幅器の増幅可能帯域によって決まる。最近では**表 8.1** に示す,さまざまな光帯域の利用が進められている。C バンド,L バンドはエルビウム添加光ファイバ増幅器を用いることができるため,長距離光ファイバ通信システムに適している。O バンドはシングルモード光ファイバの光損失が比較的小さく,また,構造分散と材料分散がたがいに打ち消し合って波長分散がゼロになる波長に相当する。分散補償を省略した簡便なシステムが構成できるため,各家庭を結ぶ近距離光通信システムなどに用いられてきた。

表 8.1　光ファイバ通信で用いられるバンド

バンドの種類	波長〔nm〕
T バンド (thousand)	1 000〜1 260
O バンド (original)	1 260〜1 360
E バンド (extended)	1 360〜1 460
S バンド (short-wavelength)	1 460〜1 530
C バンド (conventional)	1 530〜1 565
L バンド (long-wavelength)	1 565〜1 625
U バンド (ultralong-wavelengrh)	1 625〜1 675

　図 8.11 にバンドの帯域幅とチャネル配置の関係を示す。C バンドを例にとり,チャネル数と帯域幅について考えてみる。ビットレートが 50 Gb/s の場合,式 (8.22) よりその帯域幅 Δf は 50 GHz となる。ただし,ここでの帯域幅は電力の大半が含まれる領域ということであるので,ある程度の余裕をもたせる必要がある。また,AWG でのチャネル分離のためにチャネル間に間隔を設ける必

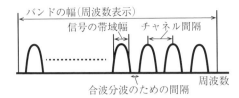

図 8.11 波長多重システムのチャネル配置

要がある．そこで，チャネル間隔を 100 GHz とする．式 (7.23) を用いると波長で示したチャネル間隔は波長が 1.55 µm の場合に 0.8 nm となる．これを波長軸でのチャネル間隔であるとして，C バンドの幅 35 nm ($= 1565 - 1530$ nm) を 0.8 nm で割ると，チャネル数が算出できるという計算方法は誤りである．式 (7.23) が特定の波長でのみ成立する式であるためであり，Δf と $\Delta \lambda$ は λ に比べて十分小さいという仮定がなされている．正しくは，C バンドの幅を周波数で表示して，それを各チャネルの周波数間隔で割る必要がある．波長多重と呼ばれているが，図 8.11 に示すチャネル間隔は周波数が等間隔と定義されていることに注意が必要である．

正しい計算例は以下のとおりである．波長 1530 nm，1565 nm はそれぞれ周波数で表示すると 195 943 GHz，191 560 GHz となり，これらの差を 100 GHz で割ると，設定可能なチャネル数は 43 となる．複数のバンド（例えば S，C，L）を同時に用いて，光の偏光（偏波）も両方使う偏波多重を併用すると 200 以上のチャネルを設定できる．各チャネル 1 mW の光を送信器から発しているとすると，全体では数 100 mW となり，非線形による制限が課題となることがわかる．

8.2.2 時分割多重

通信システムの伝送能力を時間軸で分割し，複数のチャネルで共有する多重化を時分割多重と呼ぶ．図 **8.12** にその構成を示す．所定の時間スロットごとに，チャネルが設定されており，各送信器からの光信号が多重化される．光信号はファイバ内で伝送されるビットレートに対応した短いパルスとなっている必要がある．例えば，50 Gb/s を 20 チャネルもつシステムの場合，多重化され

160　　8. 光　通　信

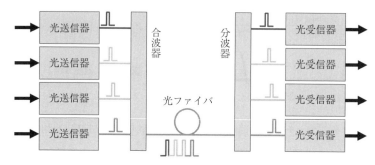

図 8.12　時分割多重光伝送システム

たあとのビットレートは 1 Tb/s となり，各光信号はパルス幅 1 ps 以下というきわめて高速の変化をする波形となる．また，各チャネルの間で 1 ps 以下の誤差で光信号を同期させる必要がある．このようなパルスを用いると光信号の帯域幅の広がりは大きくなり，各信号を波長多重する場合と同程度となる．原理的には波長多重，時分割多重のいずれを用いても光ファイバの帯域の利用効率に違いはない．波長が安定した半導体レーザや安価な合分波器の普及により，高速伝送システムでは波長多重が用いられることが多い．

各ユーザをネットワークにつなぐためのアクセスシステムなどでは，システム構成を簡単化するために時分割多重が用いられている．1 本の光ファイバでネットワークからユーザへ（下り）とユーザからネットワーク（上り）の双方向の通信を可能とするために，波長多重を併用している．波長多重で割り当てられた帯域を，時分割多重でさらに分割することで各ユーザへの同時接続が実現されている．

8.2.3　空　間　多　重

波長多重や時分割多重を用いることで，一つの光ファイバで多数のチャネルを同時に伝送することが可能となる．また，次項で説明する多値変調を併用することによりチャネル当りの伝送速度を向上させることで，大容量化が可能となる．しかし，8.1.3 項で述べたとおり，シングルモード光ファイバの非線性のため伝送速度 10 Tb/s 程度が上限となっている．この限界を超えることを目的

として，一つの光ファイバで複数のコアをもつマルチコア光ファイバを用いた空間多重システムの開発が進められている．空間的に異なる部分を導波する光信号を同時に同じ光ファイバで伝送することを可能にする技術であるので空間多重と呼ばれる．

図 **8.13** に 19 個のコアをもつマルチコア光ファイバとシングルモード光ファイバの断面図を示す．シングルモード光ファイバでは光が導波するコアの径は $9\,\mu m$，クラッド径は $125\,\mu m$ である．マルチコア光ファイバではコア径はシングルモード光ファイバと同じものと，大きくして複数のモードを同時に伝送に使うことを可能にしているものがある．クラッド径はコア数によって $200\,\mu m$ 程度のものまである．クラッド径を大きくすると光ファイバを曲げた際に破断する可能性が高まるために信頼性の点で限界があるが，30 コア以上が実現している．波長多重や次項で説明する多値変調を併用することで $1\,Pb/s$ を超える伝送容量に関する研究報告がなされている．

(a) マルチコア光ファイバの断面図　(b) シングルモード光ファイバ　図 **8.13** 光ファイバの断面図

波長多重と時分割多重はともに時間軸に関する多重を時間もしくは周波数で取り扱うかの違いだけであったために，併用には制限があり，伝送容量の増加にはつながらない．それに対して，空間多重は時間軸と直交する空間軸によるものであるために，波長多重または時分割多重と併用することで伝送容量の大幅な拡大が可能となる．

8.2.4 多値変調

これまで説明したとおり，波長多重，時分割多重，空間多重などの多重化技

術により多数のチャネルを同時に一つの光ファイバで伝送することが可能となる。一方，チャネル当りの伝送速度を向上させるためには一度の変調で複数のビットの伝送を可能とする**多値変調**（multi-level modulation）が注目されている。変調速度を高くすると，ビットレートを大きくすることができるが，それに比例して帯域幅が広がり，波長多重で設定できるチャネル数が減少するという問題と，変調器が動作可能な変調速度に限界があるという課題があった。それに対して，多値変調を用いると，変調速度を上げることなくビットレートを大きくすることができるというメリットがある。以下では多値変調技術について説明する。

光信号の形式である変調方式を 7.1.3 項で説明した入力光の角周波数を基準角周波数としたフェーザを用いて表現する。光信号

$$Ae^{j\omega_0 t} \tag{8.28}$$

を考えると，フェーザ A が振幅の大きさと位相に相当していて，その状態は図 7.2 の複素平面上で点として表すことができる。

〔**1**〕 **強度変調** まず，光の強度のみを変調する方式について説明する。最もシンプルな変調方式である OOK をフェーザで表現したものを図 **8.14**(a) に示す。式 (8.28) の A を 1 と 0 の 2 通りで切り換えてデジタル信号を伝送する。このように，変調方式で用いる状態（シンボル）を点で表したものを**コンスタレーション**（constellation）と呼ぶ。OOK では二つのシンボルを用いて，一度の変調で 1 ビット伝送する。一般に 2^N 個のシンボルを用いると，一度の

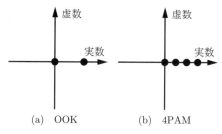

図 **8.14** 強度変調のコンスタレーション

変調で N ビットの伝送が可能となる。

変調速度を上げることなくビットレートを向上する方法として**4値パルス振幅変調**（**4PAM**：4-level pulse amplitude modulation）を用いた光通信システムが開発されている。PAM4と呼ばれることもある。コンスタレーションを図(b)に示す。一度の変調で2ビットの伝送が可能となる。OOKのコンスタレーションと比べるとシンボル間の距離が小さいことがわかる。実際の伝送システムでは雑音などの影響で，受信側でシンボルの位置に広がりが生じる。シンボル間の距離が小さい4PAMのほうがOOKよりもその影響を受けやすい。伝送距離などシステムのもつ特性に応じて適切な変調方式を選択することが重要である。

光信号の発生には直接変調やMZ変調器などのさまざまな光変調技術を用いることができる。図8.14では光位相が0°で一定であるとしたが，光位相がチャープなどのために変動したとしても，強度のみを伝送に用いるシステムでは，光受信器では光検出器を用いて光強度のみを電気信号に変換するので，その影響を受けない。

〔**2**〕 **直交振幅変調**　7.3.5項で説明したように，図7.17に示す二並列MZ変調器により，フェーザ図上で光波状態を二次元的に操作する直交振幅変調が実現できる。二つのMZ変調器で光波の実数成分 I と虚数成分 Q の振幅を独立に制御することが可能である。実数，虚数の振幅 I, Q を $+1$ から -1 の範囲で等分割した点をシンボルとすると多値QAM信号が得られる†。**図 8.15**(a) は16QAM信号のコンスタレーションである。x, y が ± 1, $\pm 1/3$ の場合の16通

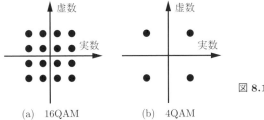

(a) 16QAM　　(b) 4QAM

図 **8.15**　QAMのコンスタレーション

---

† 多値IQ変調信号とは呼ばない。

りの状態をシンボルに用いて1回の変調で4ビットの情報を送ることができる。

図 (b) に x, y が ± 1 の場合の四通りの状態をシンボルに用いた4QAMのコンスタレーションを示した。1回の変調で2ビットの情報を送ることができる。四つのシンボルとも振幅は等しく，光位相のみが異なるので，**4値位相変調（QPSK**：quadrature phase shift keying）と呼ばれることも多い。二つのMZ変調器に ± 1 の2値信号を入力することで発生可能であり，また，シンボル間の距離がほかの変調方式に比べて大きいため，長距離大容量伝送システムに広く用いられている。

16QAM や QPSK などの IQ 変調信号による伝送システムでは，光受信器において位相と振幅の両方を復調する必要がある。これまでレーザ光は正弦波で表すことができるとしていたが，実際には強度や位相は一定ではなく，揺らぎをもつ。特に位相は伝送途中の光ファイバでも大きく変動し，2π rad 以上の位相変化が短時間でも起きることがあり，直接的に測定するのは困難である。詳細は10.4節で説明するが，レーザ光の揺らぎの程度を表す指標としてコヒーレンスが用いられる。位相や振幅が変動すると7.1節で説明したとおりスペクトル幅が広がる。これをレーザの**線幅**（linewidth）と呼ぶ。この幅が狭いほど安定な光源であるといえる。

これらの位相変動の影響を抑えて光信号に含まれる位相情報を取り出す方法として，次項で説明するデジタルコヒーレント技術が広く用いられている。基準光を用いたベクトル的な光検出とデジタル信号処理を組み合わせたものである。

8.2.5 デジタルコヒーレント

図 **8.16** にデジタルコヒーレントによる受信器の構成を示す。基準光と受信した光信号を混合し，基準信号と同相成分（**I**：in-phase）と直交する成分（**Q**：quadrature）に分けて電気信号に変換する[†]。基準光のことを LO 光（**LO**：local oscillator）や局発光（無線システムにおける局部発振器に由来）と呼ぶ。局発は LO の和訳である。光ハイブリッドは高周波デバイスの 90° ハイブリッドと

[†] 光波の位相揺らぎ δ のため送信側の I, Q と基準が異なる。

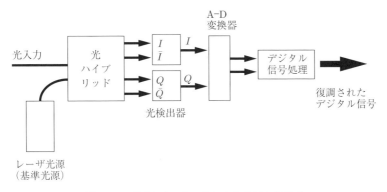

図 8.16 デジタルコヒーレントシステムの構成

同様の機能をもつ。2 組の差動出力をもつ。一つが基準信号と光信号を混合したもの $(I, \bar{I})$ であり，もう一つが基準信号を 90° ずらしたものと光信号を混合したもの $(Q, \bar{Q})$ である。ここで，$\bar{I}$ と $\bar{Q}$ はそれぞれ I と Q の符号を反転した（-1 を掛けた）ものである。これを差動光検出器に入力し，同相成分（I）と直交成分（Q）に相当する電気出力を得る。

デジタルコヒーレントシステムでは二つの偏光状態でそれぞれ別の光信号を伝送する偏波多重技術もあわせて用いられることが多い。その場合，90° ハイブリッドはそれぞれ偏波の同相・直交成分に相当する 4 組の差動出力をもつものを用いる。

電気信号に対して，デジタル信号処理で送信側の光位相状態を推定する。送信信号が QPSK で位相状態が 0, $\pi/2$, π, $3\pi/2$ の 4 通りがシンボルであるとすると，フェーザ表示で

$$A = e^{\frac{jN\pi}{2}} \quad (N = 0, 1, 2, 3) \tag{8.29}$$

となる。レーザの線幅やファイバの揺らぎなどによる位相の変動が δ であるとすると，受信信号は

$$A = e^{j\left(N\frac{\pi}{2} + \delta\right)} \tag{8.30}$$

となり，I と Q は

$$I = \cos\left(N\frac{\pi}{2} + \delta\right) \tag{8.31}$$

$$Q = \cos\left(N\frac{\pi}{2} + \delta\right) \tag{8.32}$$

で表される。デジタル信号処理で式 (8.30) で表される受信信号を 4 乗すると

$$A^4 = e^{j(2\pi N + 4\delta)} = e^{4j\delta} \tag{8.33}$$

図 **8.17** に示すように，すべてのシンボルがフェーザ上の同じ点に重なり，その点の位相 δ が位相揺らぎの成分を表す。これが，QPSK における位相推定の原理である。受信信号 A に対して，ここで得られた位相変動 δ を差し引く演算をすると，もとの QPSK 信号を回復することができる。

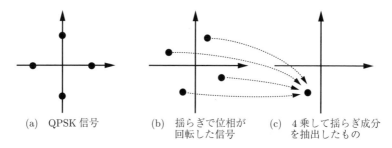

(a) QPSK 信号　　(b) 揺らぎで位相が回転した信号　　(c) 4 乗して揺らぎ成分を抽出したもの

図 **8.17** QPSK 信号に対する位相推定の原理

偏波多重を併用する場合，偏光状態の推定も行う。I, Q の電気信号は位相と振幅のすべての光波の情報をもつので，波長分散による波形劣化の補償も信号処理で実現することができる。波長多重と併用されることも多い。基準光の波長を復調するチャネルの波長に一致させることで，チャネルの選択ができる。隣のチャネルの信号は高い周波数成分となるために電気回路にフィルタを設けることでその影響を抑えることができる。このようなデジタルコヒーレント技術に偏波多重，波長多重，空間多重を併用し，ペタビット (Pb/s) を超えるビットレートの伝送システムが開発されている。

演 習 問 題

【1】 伝送損失 0.2 dB/km の光ファイバ 20 km の光透過率を求めよ。
【2】 チャネル当りの伝送速度 10 Gb/s（オンオフキーイング）の波長多重システムで，波長間隔が 2 nm であった場合，20 km 伝送した場合のチャネル間での波長分散の影響による遅延をビット数で求めよ。波長分散は 17 ps/nm/km であるとする。
【3】 式 (8.20) を導出せよ。
【4】 波長分散の影響がビットレートの 2 乗に比例して大きくなる理由を説明せよ。
【5】 1 000 nm と 1 550 nm における帯域幅 50 GHz の光信号の波長軸でみた帯域幅を求めよ。
【6】 T バンド全体を使って波長間隔 100 GHz の波長多重システムを構築した場合のチャネル数を求めよ。
【7】 S バンド，C バンド，L バンドを使って波長間隔 50 GHz の波長多重システムを構築した場合のチャネル数を求めよ。
【8】 上記のシステムに変調速度 50 Gbaud，変調方式 16QAM，偏波多重を併用し，19 コアのマルチコアファイバを使った場合の伝送容量を求めよ。
【9】 上記のシステムで各チャネルに 1 mW の光を入力した場合の光パワーの合計を求めよ。
【10】 変調速度 50 Gbaud の 64QAM を使った伝送システムのビットレートを求めよ。
【11】 8PSK（8 値位相変調）に対する位相推定方法について説明せよ。

9 光 記 録

光を使ったデータを記録する技術として光ディスクが広く普及している．ディスク上に書き込まれたデジタル情報をレーザ光で読み出すというもので，エジソンの発明したアナログレコードの置き換えとしてコンパクトディスク（**CD**: compact disc）が開発され，その後，動画記録のための **DVD** (digital versatile disc)，さらには，ハイビジョンに対応したブルーレイ（**BD**: blu-ray disc）へと発展してきた．この章では，光ディスクの原理と概要を説明する．

9.1 光ディスクの概要

図 **9.1** に光ディスク（optical disc）の構成を示す．レーザ光がピックアップレンズ（pick-up lens）を通して光ディスクの記録面に焦点を結ぶ．記録層にはデータに応じたパターン（ピット）が記録されている．ピットがあるところでは光が散乱され，レーザ光源のほうに戻っていく光の強度が変化する．記録層から戻ってくる光をビームスプリッタで光検出器に導き，その光の強弱からデータを読み出すというのが動作の基本原理である．レーザ光源，ピックアップレンズ，光検出器などを含むデータを読み出すための装置を**光ピックアップ**（optical pick-up）と呼ぶ．

ピットは円周方向に配列されており，データトラックを構成する．光ディスクを高速で回転させ，レーザ光の焦点位置を自動調整する機構をもった光ピックアップで連続的にデータを取り出す．光ディスクは非接触であり，ピックアップ

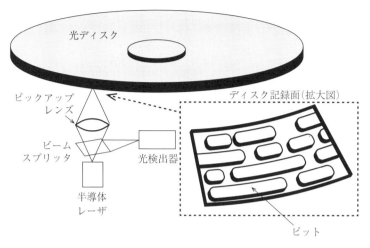

図 9.1 光ディスクの構成

やディスク表面の摩耗がない。デジタル技術の適用により信号の劣化がないというのもアナログレコードに対する大きな利点である。また，従来の磁気テープでは一次元的にテープを送ることでデータの検索をしていたが，二次元的に光ピックアップを移動させることで高速に必要なデータにアクセスすることが可能である。また，ディスクのマスターとなるスタンパを使って大量に同じデータをもつディスクを製造することが容易であるという特長もある。読出しのときよりも強いレーザ光を用いて，記録層の材料の構造を変化（相変化）させることで反射率の変化させることが可能であり，この原理を用いて書換え可能な光ディスクも実現されている。

9.2 光ピックアップ

図 **9.2** に光ピックアップの構成を示す。光ピップアップからの光を集光するレンズと光ディスクの間に 1/4 波長板が置かれている。これにより，S 偏光で入射した光がこの 1/4 波長板で円偏光に変換される。ディスクからの反射光が再度，1/4 波長板を通過する際に P 偏光に変換される。偏光ビームスプリッタ

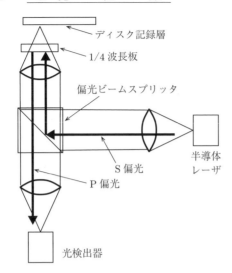

図 9.2 光ピックアップの構成

を使うことで，効率的にレーザからの光を光ディスクに照射し，反射光を光検出器に導くことができる。

2.3 節で説明したとおり，レンズによる集光スポットの形状はエアリーディスクで与えられる。集光スポットの最小直径は式 (2.28) に示すように

$$D = \frac{1.22\lambda_0}{NA} \tag{9.1}$$

となり，波長 λ_0 に比例，開口数 NA に反比例することがわかる。これをさらに近似し

$$D \simeq \frac{\lambda_0}{NA} \tag{9.2}$$

で集光スポット径を見積もることもできる。

トラック間隔は D と同程度かそれ以上にする必要があり，ピットのサイズもスポット径の大きさに応じて設定することになる。例えば，CD の場合，波長 $0.78\,\mu\text{m}$，開口数 0.45 で，$D = 1.7\,\mu\text{m}$ となる。この，スポット径を小さくすることが，トラック間隔，ピットサイズを縮小可能とし，ディスクの単位面積当りの記録容量の拡大につながる。次節で説明するが，DVD や BD では CD と比較して短波長化と高 NA 化により，記憶容量を大幅に増加させることに成

功している．安定してデータを読み出すためには，光ピップアップとディスク面までの距離を一定に保ちつつ，トラックの位置を追尾するサーボ機構が必要である．ディスク面までの距離の変動を測定して，フィードバックループで一定に保つことを**フォーカシング**（focusing）と呼ぶ．一方，トラック位置を追尾することを**トラッキング**（tracking）という．

図 **9.3** に**シリンドリカルレンズ**（cylindrical lens）によるフォーカシングの原理を示す．光検出器に集光するための光学系の一部に一方向のみに曲率をもつシリンドリカルレンズ（円筒レンズ）を挿入するとスポット形状が楕円形になる．スポット径が最小となるときには真円（図中 B）で，その前後でシリンドリカルレンズの曲率をもつ方向に沿った方向（図中 A），もしくは，それに直交する方向（図中 C）を長軸とする楕円形となる．スポット形状を複数の光検出器で検出することで，距離の変動を測定することが可能となる．この手法を非点収差法と呼ぶ．スポットの形状を真円となるように距離を制御することでフォーカシングが実現され，つねにディスク記録層に半導体レーザからの光の焦点を結ぶことができる．

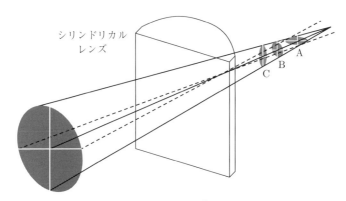

図 **9.3** シリンドリカルレンズを用いた距離測定

一方，トラッキングは，ビームがトラックの中心からずれたときに反射光のパターンが非対称となることを用いて実現される．スポット形状を二つの光検出器で測定する方法をプッシュプル法と呼ぶ．ビーム位置が正しくトラックの

中心にあるときには二つの光検出器の出力が等しくなる。図 9.4 に三ビーム法の原理を示す。回折格子（4.3.2 項参照）で ± 一次光を発生させ，三つのビームをディスクに照射する。メインビーム（0 次回折光）と二つのサブビームからの反射光を測定する。トラックとトラックの間はピットによる散乱がないため反射光が強い。サブビームからの反射がメインビームからの反射より強く，サブビーム 1, 2 からの反射光の強さが等しくなるとき，ビームがトラックの中心に位置する。サブビーム 1, 2 からの反射光の差を誤差信号としてフィードバック制御することでトラッキングが実現できる。

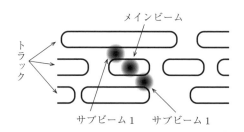

図 9.4　三ビーム法によるトラッキング

9.3　各種光ディスクの規格

表 9.1 に CD，DVD，BD のおもな仕様を示す。ディスクの直径および厚さ

表 9.1　各種光ディスクのおもな仕様[13)～15)]

仕　様	CD	DVD	BD
ディスクの直径	120 mm	120 mm	120 mm
ディスクの厚さ	1.2 mm	1.2 mm	1.2 mm
カバー層の厚さ	1.2 mm	0.6 mm	0.1 mm
レンズの NA	0.45	0.60	0.85
レーザ光源の波長	780 nm	650 nm	405 nm
スポット径	1.7 µm	1.1 µm	0.48 µm
トラック間隔	1.6 µm	0.74 µm	0.32 µm
最小ピット長	0.83 µm	0.40 µm	0.15 µm
単層記憶容量	0.65 GB	4.7 GB	25 GB
転送速度	1.2 Mb/s	11 Mb/s	36 Mb/s
線速度	1.20 m/s	3.49 m/s	4.92 m/s

はすべて同じで，外形からこれらを見分けることは容易ではない。しかし，光学的な性質は大きく異なる。

CD ではカバーの厚さがディスクの厚さと同じである。つまり，図 **9.5** に示すように，光を入射する側からみて反対側つまりレーベル面直下に記録層がある。このように CD は厚いカバー層をもっており，傷などの影響を受けづらい構造をもつ。

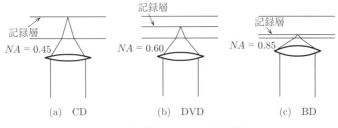

図 **9.5** 各種光ディスクの基本構造

これに対して，DVD のカバー層厚は 0.6 mm で，記録層が厚さ方向に見て中央にある。BD では 0.1 mm で，記録層はピックアップからの光が照射される側にある。カバー層厚の揺らぎやディスクの傾きにより光線ががずれることがある。これを **収差** (aberration) と呼ぶ。収差の大きさは，カバー厚やカバー厚の誤差に比例する。また，NA が大きい光学系では収差の影響は著しく大きくなる。そのため，NA を大きくしてスポット径を小さくした DVD や BD ではカバーの厚さを薄くしている。一方，BD のように 0.1 mm までカバーを薄くすると傷や汚れの影響を受けやすくなる。これに対応するために，ハードコート技術が開発されて，実用となっている。また，デジタル信号の誤り訂正技術も大きな役割を果たしている。

スポット径は式 (9.2) に示したとおり，波長を NA で割ったもので与えられる。NA を大きくするとともに，波長を短くすることがスポット径の縮小につながる。DVD では 650 nm の赤色のレーザ，BD では 410 nm の青色レーザが用いられている。これは，それぞれの規格が開発された当時，実用的に利用可能であった半導体レーザの波長域によって決められてきた経緯がある。GaN に

よる青色発光ダイオードが発明されたあと，その成果を発展させて，2000年前後に青色半導体レーザが開発された。

アナログレコードではディスクの回転数が一定であったが，光ディスクでは線速度一定に制御される。つまり，内側では回転数が低く，外側では回転数が高くなる。回転速度一定であると，外側と内側で読み出し速度を変化させる，もしくは，外側でより長いピットを使うという必要がある。前者では，連続的に画像を再生する場合に一定の品質を保つことが困難となる。後者では，外側で記録密度が低下するという問題が発生する。表9.1に示したとおり，線速度もCD，DVD，BDと世代が変わることに向上しており，その結果，転送速度も高くなってきていることがわかる。

これまで述べた高NA化，短波長やこれを支えるハードコート技術，誤り訂正技術などにより，BDでは記憶容量25 GBに達している。また，DVDやBDでは記録層がディスク内部にあるために，記録層の数を複数にすることができる。DVDでは2層まで，BDでは4層まで多層化が可能である。片面2層のDVD-DLでは8.5 GBを，3層のBD XLでは100 GBの大きな記憶容量を実現している。

演習問題

【1】 図9.2では半導体レーザからディスクに照射した光がレーザ側に戻らずに光検出器へと導かれる。その原理を説明せよ。

【2】 DVDやBDでは多層化が進んでいる。その理由を説明せよ。

【3】 CD，DVD，BDの転送速度，線速度からトラック方向にみたビットの線密度を求めよ。

【4】 NAを大きくするにはどのような課題があるか説明せよ。

【5】 波長1550 nmで，NAが0.5のときの最小スポット径を求めよ。

10 光 計 測

　光を使った計測は産業応用から身近なところまで幅広い分野で用いられている。例えば，カメラやビデオなどの映像機器がその代表であろう。また，光スペクトルから物質を同定したり，温度を測る技術も広く用いられている。前者は，望遠鏡や顕微鏡などを含む光学機器として古くから技術体系が確立した分野である。後者は，光と物質の相互作用に関わるもので，分光学として広がりをもつ分野である。光を使った計測ではこれら以外に，光の伝搬時間を計るというものがある。光の速度は一定であるので，その伝搬時間から対象物までの距離を求めることができる。対象物までの距離や必要な分解能によりさまざまな方法が用いられている。この章では光による距離や長さの測定について説明する。物理的な距離が既知のときには光波が伝搬する媒質の屈折率を測定することもできる。屈折率が温度や圧力で変化する場合には，これらの量を光の伝搬時間から求めることが可能となる。また，距離測定で光の伝搬に沿った方向の計測を行い，前節で説明した光ディスクで用いられている集光技術で伝搬方向に直交する2方向にスキャンすることで三次元的測定も可能である。

10.1　光による距離計測の原理

　光を測定器から放射し，測定対象から戻ってくるまでの伝搬に要する時間 Δt を測定することで，測定対象と測定器の間の距離 l を求めることができる。光が伝搬する媒質の屈折率が n であるとすると

$$l = \frac{\Delta t c}{2n} \tag{10.1}$$

が成り立つ．往復の光路長が $2nl$ であるので，これを光速 c で割ったものが Δt となっている．光を往復させることによる，測距や形状測定は基本的にすべてこの式で説明されるが[†1]，レーザ光の安定性や，測定対象となる距離により，さまざまな光の送信方法や，受信信号の処理方法がある．

最もシンプルな方法として，図 10.1 に示すような光パルスを発射し，それが測定対象から戻ってくるまでの時間を測定する方法がある[†2]．

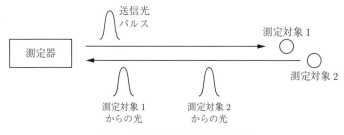

図 10.1 光による距離測定の原理

パルスの立上りを検出したり，パルス内の光位相を測定することで高精度で伝搬時間を計測することも可能であるが，パルス幅 ΔT と同程度の時間分解能で受信信号を処理するとすれば距離分解能は

$$\Delta l = \frac{\Delta T c}{2n} \tag{10.2}$$

で表される．図 10.1 では二つの測定対象からの光を測定する例を示したが，これらが上記の距離分解能以下の距離に近接している場合，二つのパルスが重なり，弁別することが困難となる．

また，パルスの繰り返し周期が T であるとすると

[†1] そのほかに三角測量の原理によるものなどがある．
[†2] パルスの有無だけを検出する場合には分解能はパルス幅と同程度になる．受信側で高速の処理をし，受信したパルス形状を分析をすればさらに分解能をあげることは可能であるが，送信側のパルス波形発生の精度・安定度が高く，かつ，受信信号の強度が雑音に比べて十分大きいなどの条件が満たされている必要がある．

$$l < \frac{Tc}{2n} \tag{10.3}$$

の範囲である必要がある。l が $Tc/2n$ を超えると，対象物から戻ってくる光を受信する前に，つぎのパルスを発射することになり，どのパルスからの応答かを区別することができなくなる。

10.2 光の干渉による高精度距離計測

　光の伝搬に要した時間を光波の位相差で測定する場合，光の干渉を用いる。8.2.5項で説明したデジタルコヒーレントと同様に，基準光と対象物から戻ってきた光を混合することで光位相を測定する。光ファイバ通信で用いられるデジタル変調信号の場合には，位相変動の影響が簡単な式で表されるので，比較的容易に位相推定ができる。これに対して，任意の対象物から反射して戻ってくる光に対して位相を求めることは容易ではない。そのため，送信に用いたレーザ光を基準光（参照光）として用いる。

　図 10.2 に一つのレーザから発せられた光を対象物に照射する光と参照光にビームスプリッタで分割し，ミラーで反射されて戻ってきたものを再度，同じビームスプリッタで合波して，光検出器でその干渉の効果を検出する構成を示す。これは 4.1 節で説明したマイケルソン干渉計に相当する。式 (4.4) と式 (4.6) に示したとおり，光検出器の出力 T_B から参照光と測定対象からの光が伝搬す

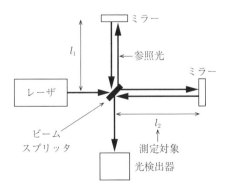

図 10.2　光による距離測定の原理

178   10. 光　　　計　　　測

る距離の差 $\Delta l = l_2 - l_1$ を求めることができる。式 (4.4) と式 (4.6) より伝搬距離の差 $2\Delta l$（2 が掛かっているのは光が往復するため）は

$$2\Delta l = \lambda'_0 \frac{\cos^{-1}(1 - 2T_B)}{2\pi} \tag{10.4}$$

で表される。ここで，$\lambda'_0 = \lambda_0/n$ で，屈折率 n の媒質中での波長である。$\cos^{-1}(1 - 2T_B)/2\pi$ は位相を 2π で割ったものであるので，伝搬遅延によるずれの光波 1 周期に対する割合（空間軸でみると距離の差の波長に対する割合）に相当する。これに波長 λ'_0 を掛けると，伝搬距離の差が得られることを示している。

l_1 が既知であるとすると

$$l_2 = \frac{\lambda'_0}{2} \frac{\cos^{-1}(1 - 2T_B)}{2\pi} + l_1 \tag{10.5}$$

で，l_2 が得られる。この式は，l_1 と l_2 の差が波長 λ'_0 の 1/4 以下の範囲で成り立ち，干渉による強度変化が有効数字 1 桁程度で測定できたとすると，波長の 1/40 程度の距離変動を検出することが可能となる。

逆三角関数 $\cos^{-1}(x)$ は一般に $0 \leq x \leq \pi$ の値をとるが，三角関数の周期性から l_2 が

$$l_2 = \frac{\lambda'_0}{2} \left\{ \pm \frac{\cos^{-1}(1 - 2T_B)}{2\pi} + N \right\} + l_1 \tag{10.6}$$

で表されるもののいずれかである可能性もある。ここで N は任意の整数である。ほかの測定方法で l_2 がどの範囲にあるかを求めて，N の値を確定しておく必要がある。

10.3　周波数変調による距離計測

周波数変調（**FM**: frequency modulation）された連続波（**CW**: continuous wave）を用いた距離測定について説明する。図 10.3 に送信波と測定対象から戻ってくる受信波の周波数と時間の関係を示す。レーザからの光を直接変調や外部変調で周波数を変化させる。周波数変化量が時間に比例しており，f_{FM} の範囲で三角波状に増減する。受信波は伝搬遅延 Δt をもつので図中破線で示す

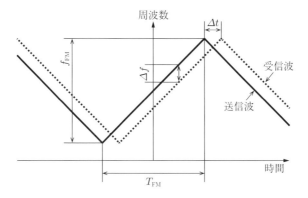

図 10.3　FMCW 方式による距離測定の原理

ような周波数変化をする。三角波の頂点近傍をのぞけば送信波と受信波の周波数差は一定となる。これを Δf とすると，三角形の相似の関係より

$$\Delta t = \frac{\Delta f}{f_{\mathrm{FM}}} T_{\mathrm{FM}} \tag{10.7}$$

が得られ，T_{FM} は三角波の周期の半分である。これを **FMCW 方式**と呼ぶ。

　送信波と受信波を干渉させるとこの周波数差 Δf に相当する電気信号が光検出器の出力として得られる。つまり，干渉計で得られた信号のスペクトルを分析することで，測定対象までの距離が得られることになる。これは 2.2.3 項で説明した異なる周波数の 2 光波間の干渉に相当する。

10.4　コヒーレンス

　FMCW 方式やマイケルソン干渉計による伝搬遅延の計測では，光の干渉を利用している。8.2.4 項で述べたようにレーザ光は完全な正弦波ではなく，揺らぎをもっている[†]。位相がそろっている光波が持続しているとみなされる時間範

[†]　ここで説明する**コヒーレンス**（coherence）は時間軸で光波の振動をみたときの位相の安定性に関するもので，時間的コヒーレンスと呼ばれる。空間的に広がる光波を考えるときに，空間的に離れた地点間の位相の相関がどの程度とれているのかを表す指標として空間的コヒーレンスがある。

囲 Δt_c をコヒーレンス時間と呼ぶ。コヒーレンス時間の間に1周期分程度の位相のずれが生じると考えると，これによる周波数のずれは

$$\Delta f_c \simeq \frac{1}{\Delta t_c} \tag{10.8}$$

で表される。この Δf_c がレーザの線幅に相当する。例えば，1 ms で1周期のずれが発生するとすると，1 ms ごとに光波の振動の回数が ±1 回程度ずれることになる。この場合，式 (10.8) より，線幅は 1 kHz となる。

同じ光源からの光波であっても時間差がコヒーレンス時間を超えるとたがいに干渉することがなくなる。例えば，マイケルソン干渉計による距離計測において N が大きな値をもち l_1 と l_2 の間に大きな差がある場合や，FMCW 方式で大きな Δt を測定する場合には，参照光として用いる送信波と測定対象からの光波の時間差がコヒーレンス時間をよりも小さいことが必要である。

また，コヒーレンス長 L_c

$$L_c = c\Delta t_c = \frac{c}{\Delta f_c} \tag{10.9}$$

は干渉により距離測定が可能な範囲（光を往復させる場合には半分になる）の目安を与える。線幅 1 MHz の半導体レーザでは約 300 m となる。

演 習 問 題

【1】 パルス光を用いた距離計測において，パルス幅が 1 ns のときの距離分解能を求めよ。屈折率は1とする。

【2】 マイケルソン干渉計を用いた距離計測で，大きな距離の変動を測定する場合の問題点について説明せよ。

【3】 真空中の波長 633 nm の光源によるマイケルソン干渉計を用いた距離計測の分解能を求めよ。位相は 30° の精度で測定できるとする。屈折率は 1.5 とする。

【4】 線幅 1 kHz のレーザのコヒーレンス時間とコヒーレンス長を求めよ。

【5】 波長 800 nm，線幅 0.8 nm のレーザを用いた場合，FMCW 方式で測定可能な最大距離を求めよ。

引用・参考文献

1) 西原　浩，裏升　吾：新版光エレクトロニクス入門，コロナ社 (2013)
2) 井筒雅之：光波工学の基礎，コロナ社 (2012)
3) 末田　正：光エレクトロニクス入門，昭晃堂 (1985)
4) 左貝潤一：光エレクトロニクス入門，森北出版 (2014)
5) 末松安晴：新版光デバイス，コロナ社 (2011)
6) 畠山賢一，榎原　晃，河合　正：マイクロ波回路と電波伝搬，ふくろう出版 (2015)
7) 大越孝敬　編：光ファイバの基礎，オーム社 (1977)
8) 栖原敏明：半導体レーザの基礎，共立出版 (1998)
9) Amnon Yariv 著，多田邦雄・神谷武志　監訳：光エレクトロニクス 原著5版，丸善 (2000)
10) 川西哲也：高速高精度光変調の理論と実際──電気光学効果による光波制御，培風館 (2016)
11) 菊池和朗：光ファイバ通信の基礎，昭晃堂 (1997)
12) 笠　史郎：伝送理論の基礎と光ファイバ通信への応用，電子情報通信学会 (2015)
13) 徳丸春樹，横川文彦，入江　満：図解 DVD 読本，オーム社 (2003)
14) 田中伸一，小川博司：図解 ブルーレイディスク読本，オーム社 (2006)
15) White Paper Blu-ray Disc^{TM} Format General 4th Edition August (2015)

演習問題解答例

1 章

【1】 $5\cos\left(2\pi \times 10^9 t - 20\pi z + \dfrac{\pi}{3}\right)$,

$5e^{j(2\pi \times 10^9 t - 20\pi z + \pi/3)} = \dfrac{5}{2}(1+\sqrt{3})e^{j(2\pi \times 10^9 t - 20\pi z)}$

【2】略,【3】略

【4】 $\eta = \dfrac{377}{2} = 189\,\Omega$, $v = 1.5 \times 10^8\,\mathrm{m/s}$, $f = 60\,\mathrm{THz}$, $\lambda = 2.5\,\mu\mathrm{m}$,

$k = 8\pi \times 10^5\,\mathrm{rad/m}$

【5】 $k = 2\omega\sqrt{\varepsilon_0\mu_0}$, $\boldsymbol{k} = \left(\dfrac{\omega\sqrt{6\varepsilon_0\mu_0}}{3}, \dfrac{\omega\sqrt{6\varepsilon_0\mu_0}}{3}, \dfrac{2\omega\sqrt{6\varepsilon_0\mu_0}}{3}\right)$,

$v_x = \dfrac{1}{2}\sqrt{\dfrac{6}{\varepsilon_0\mu_0}}$, $\lambda_x = \dfrac{\pi}{\omega}\sqrt{\dfrac{6}{\varepsilon_0\mu_0}}$

【6】(1) 左回り楕円偏光,(2) 左回り円偏光,(3) $-63.4°$ 方向の直線偏光

【7】 $H_0 = 3.98 \times 10^{-2}\,\mathrm{mA/m}$, $u_{av} = 9.96 \times 10^{-16}\,\mathrm{J/m^3}$

$I = 1.99 \times 10^{-7}\,\mathrm{W/m^2}$, $1.99 \times 10^{-11}\,\mathrm{W}$

【8】略

2 章

【1】 -0.2, 0.8, $0.4\,\mathrm{mW/m^2}$, $9.6\,\mathrm{mW/m^2}$,【2】 1.92 以下

【3】 $r = \dfrac{\eta_2 - \eta_1}{\eta_1 + \eta_2}$, $t = \dfrac{2\eta_2}{\eta_1 + \eta_2}$,【4】略,【5】略,【6】 $63.4°$

【7】 $0.5\,\mu\mathrm{m}$,【8】略,【9】 $24.4\,\mathrm{mm}$,【10】 $2.44\,\mathrm{mm}$ 以上, 0.122 以上

3 章

【1】 $69.0°$ 以上,【2】略,【3】略,【4】略

【5】(1) $4\sqrt{15} \times 10^7\,\mathrm{m/s}$,(2) $6\sqrt{3}\,\mu\mathrm{m}$,(3) $6\sqrt{3}\,\mu\mathrm{m} > \lambda_0 > \dfrac{6}{7}\sqrt{3}\,\mu\mathrm{m}$

【6】略,【7】 $a < 2.21\,\mu\mathrm{m}$, 0.173

4 章

【1】 $\dfrac{\lambda_0}{nd\alpha}$, 【2】 333 回, または, 334 回, 【3】 略, 【4】 略

【5】 5 mm, 【6】 略, 【7】 $\sqrt{1.5} \approx 1.22$, 0.204 μm, 【8】 0°, 60°

【9】 (1) 30°, (2) $\dfrac{\sqrt{3}}{3} \times 10^{-2}$ rad

【10】 $\Delta\lambda_0 = 6.67$ pm, $F = 29.8$, $Q = 4.47 \times 10^6$

5 章

【1】 (1) 光子 1 個のエネルギー：1.99×10^{-19} J, 光強度：2.98 W/m², エネルギー密度：1.99×10^{-8} J/m³, (2) 光電力：2.98×10^{-4} W

【2】 (1) $\gamma = 115$ m^{-1}, (2) $\tau_p = 57.8$ ps, (3) $\tau_m = 63.3$ ps

【3】 $\tau_m = \dfrac{n}{c} \dfrac{2L}{\ln\left(\dfrac{1}{R}\right)}$, 【4】 $\Delta E = 2.21 \times 10^{-19}$ J, 1.99×10^{13} 個

【5】 (1) $\lambda_0 = 0.04/m$ 〔m〕, (2) 5.63×10^{-11} m, 【6】 (1) 24 mW, (2) 0.4, (3) 0.6

【7】 略, 【8】 97 K

6 章

【1】 (1) 5.03×10^{16} 個, 4.83 mA, (2) 0.483 A/W

【2】 (1) 1.64×10^{-11} W, (2) 1.81×10^{-11} W/Hz$^{1/2}$, 【3】 28 %

7 章

【1】 7.2.1 項参照, 【2】 7.2.2 項参照, 【3】 7.3.4 項参照, 【4】 7.3.1 項参照

【5】 電圧を V とすると, 式 (7.45) と式 (7.46) より, 位相変化量 $v = \dfrac{\pi}{V_\pi}V$ となるので, $\dfrac{3}{7}\pi$. 角度で示すと, 77° である。

【6】 式 (7.51), (7.54), (7.55) より, 光振幅は $\cos\left(\dfrac{\pi}{2} \times \dfrac{3}{5}\right) = 0.588$ となる。パワーの透過率はこれの 2 乗なので, 0.346 となる。

【7】 パワーの透過率はそれぞれの Y 分岐で半分になるので, トータルで 1/4 の透過率になる。7.3.4 項参照

8 章

【1】 $0.2 \times 20 = 4\,\mathrm{dB}$ これを光パワーの透過率で示すと，$10^{-4/10} = 0.398$ となる．

【2】 2 nm 離れたチャネル間で生じる群遅延は $17 \times 2 \times 20 = 680\,\mathrm{ps}$ となる．10 Gb/s の 1 ビットの長さは 100 ps であるので，$680/100 = 6.8$ ビットずれることになる．

【3】 式 (8.14) と式 (8.16) より，$\dfrac{n_g(\omega)}{c} = \dfrac{dk}{d\omega}$ が成り立つ．これを，式 (8.19) に代入し，変数変換すると式 (8.20) が得られる．

【4】 変調による帯域幅の広がりが変調速度に比例する効果と，時間軸でみたときのビットの長さ（周期）が変調速度に反比例しより小さな遅延の影響を受けるという効果が合わさるため．

【5】 式 (7.25) より，1 000 nm のとき $3.3 \times 10^{-9} \times 1\,000^2 \times 50 = 0.165\,\mathrm{nm}$，1 550 nm のとき $3.3 \times 10^{-9} \times 1\,550^2 \times 50 = 0.396\,\mathrm{nm}$ となる．

【6】 T バンドの上限（1 000 nm），下限（1 200 nm）を波長から光周波数の表示に変換し，周波数でみたときの帯域幅を求めて，それをチャネル間隔で割ると，チャネル数が算出できる．$f = c/\lambda$ より，$c = 299\,792\,458$ とすると，1 000 nm は $\dfrac{299\,792\,458}{1\,000 \times 10^{-9}} = 299.792 \times 10^{12}$ より，299.792 THz，1 200 nm は $\dfrac{299\,792\,458}{1\,200 \times 10^{-9}} = 249.827 \times 10^{12}$ より，249.827 THz となるので，帯域幅は 49.965 THz．これを 100 GHz で割ると，499 チャネルとなる．

【7】 波長帯域 1 460 nm～1 625 nm に対して，上記と同様の考え方で解く．205.3 THz ～184.5 THz となり，帯域幅は 20.8 THz で，50 GHz で割ると 416 チャネルとなる．

【8】 16 QAM は一度に 4 ビット送ることができる．変調速度が 50 Gbaud であるので，ビットレートは $4 \times 50 = 200\,\mathrm{Gb/s}$ となる．チャネル数が上記の波長多重による 400 チャネルに対して，偏波多重で ×2，マルチコアファイバで ×19，となるので，合計の伝送容量は $416 \times 200 \times 2 \times 19 = 3.16 \times 10^6\,\mathrm{Gb/s}$ となる．単位を Pb/s とすると，3.16 Pb/s となる．

【9】 上記システムのチャネル数が 15 808 であるので，15.8 W となる．コア数が 19 あるので，コア当りは 832 mW となり，ほぼ上限となっていることがわかる．

【10】 ビット数が n のときのシンボル数は 2^n であるので，64 QAM の場合，ビット数は $\log_2 64 = 6$ となる．変調速度が 50 Gbaud であるので，ビットレートは $50 \times 6 = 300\,\mathrm{Gb/s}$ となる．

【11】 受信信号を 8 乗すると，すべてのシンボルが一致し，位相揺らぎ成分を求めることができる．8.2.5 項，図 8.23 参照．

9 章

【1】 9.2 節参照。1/4 波長板を 2 回通ることで，S 偏光 → 円偏光 → P 偏光と変化し，ビームスプリッタに戻るときにはもとの S 偏光と直交する P 偏光になる。偏光ビームスプリッタは P 偏光をそのまま透過，S 偏光を反射して向きを変える。

【2】 DVD や BD ではカバー層が薄く，ディスクの厚さの中に複数の記録層をもつ構造が比較的つくりやすい。

【3】 ビットレートは 1 秒当りのビット数，線速度は 1 秒当り読み出すトラックの長さを表すので，ビットレートを線速度で割ると，長さ当りのビット数（線密度）が得られる。CD の場合，$1.2\,\mathrm{Mb/s}$ を $1.20\,\mathrm{m/s}$ で割るので，$1.0\,\mathrm{Mb/m}$ となる。同様に DVD では $3.15\,\mathrm{Mb/m}$，BD では $7.31\,\mathrm{Mb/m}$ となる。

【4】 NA を大きくするとレンズやディスク内で発生する収差の影響が大きくなる。9.3 節参照。

【5】 式 (9.1) より $1.22 \times 1.55\,\mu\mathrm{m}/0.5 = 3.78\,\mu\mathrm{m}$。

10 章

【1】 式 (10.2) より，$1 \times 10^{-9} \times 3 \times 10^{8}/2 = 1.5 \times 10^{-1}$，よって，$15\,\mathrm{cm}$ となる。

【2】 半波長分距離がずれるごとに干渉計の出力が同じ値となり，区別ができない。

【3】 屈折率 1.5 であるので，波長は $633/1.5 = 422\,\mathrm{nm}$ となる。$30°$ の精度は波長の $30/360 = 1/12$ に相当するので，半波長の $1/12$ 程度の分解能となる。つまり，$422/12/2 = 17.6\,\mathrm{nm}$ となる。

【4】 式 (10.8) よりコヒーレンス時間は線幅の逆数であるので，$1\,\mathrm{ms}$。式 (10.9) よりコヒーレンス長はコヒーレンス時間に光速を掛けたものであるので，$300\,\mathrm{km}$ となる。

【5】 線幅を周波数による表示に変換する。式 (7.25) より

$$\Delta f = \frac{0.8}{3.3 \times 10^{-9} \times 800^2} = 379\,\mathrm{GHz}$$

となる。コヒーレンス距離は $3 \times 10^{8}/379 \times 10^{9}$ で，測定可能な距離は光が往復するためにこれの半分程度となる。$0.4\,\mathrm{mm}$ 程度である。

索引

【い】
異常屈折率 59
位相速度 2, 149
位相定数 1
位相変調 118, 130
一軸結晶 59
イメージセンサ 113

【え】
エアリーディスク 30
エネルギー準位 82
エネルギーの流れ 15
エネルギー密度 14
エバネッセント波 41
エルビウム添加光ファイバ増幅器 146
円偏光 12

【お】
オンオフキーイング 151, 155
音響光学効果 126

【か】
開口数 31
回折 26
回折限界 28, 30
回折格子 70
外部変調 124, 126
角周波数 1
角度変調 119, 121
カー効果 154
下側波帯 120
活性層 93

【き】
カットオフ 42
カットオフ周波数 112
価電子帯 90
可飽和吸収体 103
干渉 21
干渉計 53
干渉じま 25
間接遷移 92
緩和振動周波数 100

【き】
気体レーザ 88
基底状態 84
基本モード 43
逆バイアス電圧 110
キャリヤ密度 94
吸収 82
共振条件 73
強度変調 128, 129, 132, 162
強誘電体 129
曲線因子 116
禁制帯 91

【く】
空間多重 156, 160
グース・ヘンシェンシフト 35
屈折 17
屈折率 8
グレーデッドインデックス形 46
群屈折率 150
群速度 148, 150
群遅延 151

【け】
検光子 57
原子密度 85

【こ】
光学異方性媒質 58
光学遷移 82
光子 81
光子寿命 86
光子密度 84
高次モード 43
構造分散 153
光路長 8
国際電気通信連合 157
固体レーザ 89
コヒーレンス 179
固有方程式 40
コンスタレーション 162

【さ】
最小スポット径 31
サイドバンド 120
サイドローブ 28
材料分散 153
雑音等価電力 113

【し】
しきい値電流 94
磁気光学効果 63, 126
自然放出 83
実効屈折率 36
実数表現 2
時分割多重 156, 159
周期多層膜 68

集　光	31			伝導帯	90
集光スポット	31	【た】		伝搬角	35
収　差	173	太陽電池	114	伝搬速度	2
自由スペクトル領域	75	楕円偏光	13	電力変換効率	98
周波数変調	118, 178	多重量子井戸	106		
主屈折率	59	多層膜フィルタ	66	【と】	
受光素子	109	多値変調	162	透過形回折格子	71
主　軸	59	縦モード	74	導波光	36
受動素子	53	ダブルヘテロ構造	94	導波モード	41
常屈折率	59	多モード光導波路	43	透明化キャリヤ密度	95
少数キャリヤ	91	多モード光ファイバ	46	特性温度	98
上側波帯	120	単一モード伝送	44	トラッキング	171
初期位相	1	単一モード光導波路	43		
ショット雑音	113	単一モード光ファイバ	46	【な】	
シリコン変調器	128	単色光	1	斜め交差	23
シリンドリカルレンズ	171	単スリット	26		
シングルモード		単側波帯変調	141	【に】	
光ファイバ	153	タンタル酸リチウム	127	ニオブ酸リチウム	45, 127
進行波型変調器	137			二並列マッハ・	
真性半導体	93	【ち】		ツェンダー変調器	140
振　幅	1	チャープ	125, 129	二並列MZ変調器	128
振幅変調	118, 129	チャネル光導波路	44	入射面	19
		直交振幅変調	140, 163		
【す】		直接遷移	92	【ね】	
ステップインデックス形	46	直接変調	99, 124	熱光学効果	126
スネルの法則	19	直線偏光	11	熱雑音	113
スラブ導波路	34	直線偏光モード	51	熱平衡状態	83
スロープ効率	98				
		【つ】		【は】	
【せ】		ツリウム添加光ファイバ		ハイブリッドモード	50
接合容量	112	増幅器	147	波数ベクトル	6
旋光性	63			波　長	2
線　幅	164	【て】		波長多重	156
全反射	35	定在波	24	波長板	58
鮮明度	22	デジタル		波長分散	144, 150
		コヒーレント	128, 164	発光ダイオード	106
【そ】		電界吸収効果	126	波動インピーダンス	7
側帯波	120	電界吸収光変調器	127	波　面	6
速度整合	137	電気光学効果	126	反　射	17
側波帯	123	電気光学材料	45	反射形回折格子	71
損失係数	80	電気光学光変調器	127	搬送波	120
		電子衝突励起	88	反転分布	83
		伝送容量	150	半導体光増幅器	147

半導体レーザ	90
バンドギャップ	91
バンドギャップエネルギー	91
バンドギャップ電圧	91
半波長電圧	133, 136

【ひ】

光アイソレータ	66
光位相変調器	134
光干渉計	128
光共振器	73
光強度	15
光損失	144
光通信	118
光ディスク	168
光電力	15
光導波路	34
光導波路アレー回折格子	156
光ピックアップ	168
光ファイバ	34, 45
光ファイバ増幅器	146
光変調	117
光変調器	118
光励起	89
非線形性	144
非相反効果	64
ピックアップレンズ	168
ビート信号	25
微分量子効率	98
被変調信号	119

【ふ】

ファイバヒューズ	155
ファブリ・ペロー干渉計	128
ファブリ・ペロー共振器	73
ファラデー効果	63
フィネス	75
フェーザ	3
フォーカシング	171
フォトニック結晶	45

フォトニック結晶光導波路	45
負荷抵抗	112
複屈折	59
複素表現	3
復調	117
プッシュプル動作	132
ブラッグ回折	72
ブラッグ角	72
プランク定数	82
フランツ・ケルディッシュ効果	126
フランホーファー回折	26
ブルースター角	21
フレネル回折	26
分解能	32
分散	144
分散補償ファイバ	154
分布帰還形レーザ	103

【へ】

平面波	4
ベッセル関数	29
ヘルムホルツの波動方程式	5
偏光	11
偏光子	57
偏光制御	57
偏光方向	11
変調	117
変調効率	135
変調周波数	119
変調度	119
偏波保持光ファイバ	47

【ほ】

ボー	151
ホイヘンスの原理	26
包絡線	148
ポッケルス効果	127
ポンピング	83

【ま】

マイケルソン干渉計	56, 128
マクスウェルの方程式	4
マッハ・ツェンダー干渉計	53, 128, 137
マッハ・ツェンダー変調器	128
マルチコアファイバ	156

【め】

メインローブ	27
面発光レーザ	104

【も】

モード	42
モード同期	102
モード分散	44, 153

【ゆ】

誘導遷移確率	85
誘導ブリルアン散乱	154
誘導放出	83
誘導放出による光増幅	79

【ら】

ラマン散乱	154

【り】

リッジ型光導波路	45
利得係数	80
量子効率	110
量子ドット	106

【れ】

励起状態	84
レイリーの分解能	32
レーザ	79
レート方程式	94
連続波	178

索　引

【A】
AM	118
AO	126
AWG	156

【C】
CCD イメージセンサ	114
CMOS イメージセンサ	114
CW	178

【E】
EA	126
EA 効果	129
EDFA	146
EO	126
EO 効果	129
EO 変調器	129

【F】
FM	118, 178
FMCW 方式	179

【I】
I 成分	123
III-V 族化合物半導体	105
IQ 変調	140
IQ 変調器	128

【L】
ITU	157
LED	106
LO	164
LO 光	164
LP モード	51
LSB	120

【M】
MO	126
MZ 変調器	137

【N】
NEP	113

【O】
OOK	151, 155, 162

【P】
P 波	20
pin フォトダイオード	109
PM	118

【Q】
Q	76
Q 成分	123
QAM	140
QPSK	164

【S】
S 波	20
SDM	156
SOA	147
SSB	141

【T】
TDFA	147
TDM	156
TE 波	38
TM 波	38
TO	126

【U】
USB	120

【W】
WDM	156

【数字】
1/2 波長板	62
1/4 波長板	60
4 値位相変調	164
4 値パルス振幅変調	163
4PAM	163

―― 著 者 略 歴 ――

榎原　晃（えのきはら　あきら）
1982年　大阪大学基礎工学部電気工学科卒業
1984年　大阪大学大学院基礎工学研究科博士前期課程修了（物理系専攻電気工学分野）
1987年　大阪大学大学院基礎工学研究科博士後期課程修了（物理系専攻電気工学分野），工学博士
1987年　松下電器産業株式会社（現，パナソニック株式会社）入社
2008年　兵庫県立大学大学院工学研究科教授
　　　　現在に至る

川西　哲也（かわにし　てつや）
1992年　京都大学工学部電子工学科卒業
1994年　京都大学大学院工学研究科修士課程修了（電子工学専攻）
1994年～1995年　松下電器産業株式会社（現，パナソニック株式会社）勤務
1997年　京都大学大学院工学研究科博士後期課程修了（電子通信工学専攻），博士（工学）
1997年　京都大学ベンチャービジネスラボラトリー特別研究員
1998年　郵政省通信総合研究所（現，国立研究開発法人情報通信研究機構）入所
2003年～2004年　カリフォルニア大学サンディエゴ校客員研究員（兼務）
2015年　早稲田大学理工学術院教授
　　　　国立研究開発法人情報通信研究機構研究統括（兼務）
　　　　現在に至る

フォトニクスの基礎
Basics of Photonics　　　Ⓒ Akira Enokihara, Tetsuya Kawanishi 2019

2019 年 6 月 10 日　初版第 1 刷発行　　　　　　　　　　　　　　　　　★

	検印省略	著　者	榎　原　　　晃
			川　西　哲　也
		発行者	株式会社　　コ　ロ　ナ　社
			代表者　牛来真也
		印刷所	三 美 印 刷 株 式 会 社
		製本所	有限会社　　愛 千 製 本 所

112-0011　東京都文京区千石 4-46-10
発 行 所　株式会社　コ　ロ　ナ　社
CORONA PUBLISHING CO., LTD.
Tokyo Japan
振替 00140-8-14844・電話(03)3941-3131(代)
ホームページ　http://www.coronasha.co.jp

ISBN 978-4-339-00922-4　C3055　Printed in Japan　　　　　　　　　（大井）

ＪＣＯＰＹ　＜出版者著作権管理機構　委託出版物＞
本書の無断複製は著作権法上での例外を除き禁じられています。複製される場合は，そのつど事前に，出版者著作権管理機構（電話 03-5244-5088，FAX 03-5244-5089，e-mail: info@jcopy.or.jp）の許諾を得てください。

本書のコピー，スキャン，デジタル化等の無断複製・転載は著作権法上での例外を除き禁じられています。購入者以外の第三者による本書の電子データ化及び電子書籍化は，いかなる場合も認めていません。
落丁・乱丁はお取替えいたします。